Health Functional Foods

건강기능식품학

노재필 · 정민재 공저

문운당

머리말

2025년의 우리는 이전 어느 시대보다 '건강'이라는 가치가 삶의 중심에 놓인 시대를 살고 있다. 급격한 고령화, 만성질환의 조기화, 개인의 생활 패턴 변화, 그리고 환경적 스트레스의 증가는 각자가 자신의 몸을 관리해야 한다는 새로운 기준을 만들었다. 의료기술이 발전해도, 질병을 치료하기보다 예방하는 것이 더 효율적이고 더 인간적이라는 인식이 보편화되면서, 건강기능식품은 단순한 보조제가 아닌 일상적 건강 전략의 핵심 요소로 자리 잡고 있다.

특히 2020년대 초반을 지나며 많은 사람들이 경험한 전염병 위험과 면역력의 중요성은, 신체의 밸런스를 유지하는 일의 가치를 새롭게 조명했다. 이에 따라 비타민·미네랄과 같은 기초 필수영양소뿐 아니라 장 건강, 수면, 스트레스 관리, 혈당·지질 조절 등 보다 세분화된 기능을 목표로 한 제품들이 빠르게 확대되고 있다. 과학기술의 발전은 이러한 흐름에 실질적 기반을 제공한다. 유전체 분석, 마이크로바이옴 연구, 정밀영양학의 발전은 개인별로 필요한 영양 성분이 무엇인지 더 명확히 밝혀내고, 건강기능식품이 개별 맞춤형 건강관리의 주축이 될 수 있음을 보여준다.

또한 현대인의 식습관과 생활환경은 필연적으로 영양 결핍과 기능 저하의 위험을 안고 있다. 불규칙한 식사, 가공식품 중심의 식생활, 지속적인 스트레스, 수면 부족, 미세먼지·환경 오염물질 노출은 신체가 스스로 균형을 유지하기 어렵게 만든다. 이런 현실 속에서 건강기능식품은 부족한 영양을 보완하고 신체 기능을 유지하도록 돕는 '현대적 필수품'으로 자리매김했다. 이는 단순한 소비 트렌드를 넘어서, 현대인이 건강을 유지하기 위해 선택할 수 있는 실질적 전략 중 하나가 된 것이다.

무엇보다 중요한 변화는 '건강을 관리하는 주체가 개인'이라는 인식의 확산이다. 사람들은 자신의 생체 리듬과 생활 패턴에 맞는 영양 전략을 설정하고, 필요에 따라 기능성 성분을 선택하고, 스스로 건강 데이터를 관리한다. 건강기능식품은 이러한 자율적 건강관리의 중심에 있으며, 개인이 자신의 몸을 이해하고 조절하는 도구로서 중요한 역할을 담당하고 있다.

2025년의 건강기능식품은 더 이상 보조적 선택이 아니라 삶의 질을 결정하는 기본 인프라에 가깝다. 변화하는 환경 속에서 신체 능력을 지키고, 만성질환을 예방하며, 더 나은 일상을 지속하기 위한 전략적 자원이 된 것이다. 이 책은 이러한 시대적 흐름 속에서 건강기능식품을 이해하고, 과학과 삶의 실천 사이에서 균형 잡힌 건강관리를 가능하게 하는 길을 안내하고자 한다.

2025년 12월 저자 일동

목차

I

건강기능식품학 개론

1. 정의 등 관련 사항

1) 정의 및 관련 법규

2) 영양성분과 고시형 기능성 원료

3) 개별 인정형 원료

4) 표시기준

2. 건강기능식품의 성장 배경 및 시장 현황

1) 역사

2) 시장현황

3) 트렌드 및 마케팅 포인트

3. 건강기능 식품 개발 과정

I 건강기능식품학 개론

건강기능식품(Health Functional Food)이란, 인체의 기능을 유지·증진시키거나 건강을 개선하는 데 도움을 주는 성분을 함유한 식품을 말한다. 단순히 영양을 공급하는 일반 식품과 달리, 과학적 근거에 의해 인체 기능에 유익한 효과가 인정된 원료나 성분을 사용한다는 점에서 차별화된다.

대한민국에서는 「건강기능식품에 관한 법률」에 의해 '인체에 유용한 기능성을 가진 원료나 성분을 사용하여 제조·가공한 식품'으로 정의하고 있다. 즉, 일반식품과 의약품의 중간 영역에 위치하는 제품군으로, 질병의 예방이나 치료를 목적으로 하지 않지만, 건강 유지와 생리 기능 개선에 도움을 주는 보조적 식품이다.

1. 정의 등 관련 사항

1) 정의 및 관련 법규

국내 건강기능식품이란 "건강기능식품에 관한 법률" 제 3조 제1호에 따라 "인체에 유용한 기능성을 가진 원료나 성분을 사용하여 제조(가공을 포함한다. 이하 같다)한 식품을 말한다.

국내 정의는 위와 같으나, 제외국의 건강기능식품 정의는 유사하지만 다른 부분도 있다.

<표 1-1. 국가별 건강기능식품의 정의>

국가	용어	범위
한국	건강기능식품	- 영양소, 생리활성, 질병발생 위험감소- 기준고시형, 개별인정형
미국	Dietary supplements	Vitamins, Minerals, Herb/Botanicals, Amino acids, Concentrate, Metabolite, Constituent, Extract
EU	Food supplements	Concentrated sources of nutrients, Other substances with a nutrition or physiological effect
캐나다	Natural Health Products	Vitamins & Minerals, Herbal remedies, Homeopathic medicines
러시아	Biologically active food supplements	Nutriceuticals(Vitamins, Minerals, Amino acids, dietary fibers)
호주	Complementary medicines	Herbal medicines, Vitamins and minerals, Nutritional upplements
일본	Foods for specific health use (특정 보건용 식품)	Functional foods are foods that can have three functions: Nutrition, Sensory satisfaction, Physiological Improvements
중국	Health Food (보건식품)	Vitamin & dietary supplements, functional food, and traditional products

건강기능식품의 기능성은 3가지가 있다. (표 1-2)

<표 1-2 건강기능식품의 기능성>

기능성 구분	기능성 내용	기능성을 가진 원료 또는 성분
영양소 기능	인체의 정상적인 기능이나 생물학적 활동에 대한 영양소의 생리학적 작용	영양소
생리활성 기능	질병의 발생 또는 건강상태의 위험 감소와 관련한 기능	기능성 원료
질병 발생 위험 감소 기능	질병의 발생 또는 건강상태의 위험 감소와 관련한 기능	

식품의약품안전처는 건강기능식품 주관부처로서 건강기능식품과 관련하여 기준 및 규격 등 세부사항을 고시하여 관리하고 있다.

고시 항목은 표 1-3와 같다.

<표 1-3. 건강기능식품관련 식품의약품안전처 고시>

건강기능식품의 기준 및 규격
건강기능식품 기능성 원료 및 기준·규격 인정에 관한 규정
건강기능식품 안전위생교육기관의 위탁 및 운영 등에 관한 규정
부정.불량 식품 및 건강기능식품 등의 신고포상금 지급에 관한 규정
우수건강기능식품 제조기준 운영에 관한 규정
수입건강기능식품 검사에 관한 규정
건강기능식품의 표시기준
식품, 식품첨가물, 축산물 및 건강기능식품의 소비기한 설정기준

2) 영양소와 고시형 기능성 원료

건강기능식품의 기준 및 규격 제3장 개별 기준 및 규격에 수록된 영양성분과 고시형 원료를 요약하면 다음과 같다. (표1-4 및 표1-5)

<표1-4. 영양소의 기능>

No	영양소	기능성 내용	일일섭취량	섭취시 주의사항
1	비타민 A		210~1,000 μg RE	
2	베타카로틴	① 어두운 곳에서 시각 적응을 위해 필요 ② 피부와 점막을 형성하고 기능을 유지하는데 필요 ③ 상피세포의 성장과 발달에 필요	①, ②의 경우 0.42~7 mg, ③의 경우 1.26 mg 이상	
3	비타민 D	① 칼슘과 인이 흡수되고 이용되는데 필요 ② 뼈의 형성과 유지에 필요 ③ 골다공증 발생 위험 감소에 도움을 줌 (질병발생위험감소기능)	1.5~10 μg	
4	비타민 E	유해산소로부터 세포를 보호하는데 필요	3.3~400 mg a-TE	
5	비타민 K	① 정상적인 혈액응고에 필요② 뼈의 구성에 필요	21~1,000 μg	
6	비타민 B_1	① 탄수화물과 에너지 대사에 필요	0.36~100 mg	
7	비타민 B_2	① 체내 에너지 생성에 필요	0.42~40 mg	

8	나이아신	체내 에너지 생성에 필요	① 니코틴산 : 4.5~23 mg ② 니코틴산아미드 : 4.5~ 670 mg	
9	판토텐산	지방, 탄수화물, 단백질 대사와 에너지 생성에 필요	1.5~200 mg	
10	비타민 B_6	① 단백질 및 아미노산 이용에 필요 ② 혈액의 호모시스테인 수준을 정상으로 유지하는데 필요	0.45~67 mg	
11	엽산	① 세포와 혈액생성에 필요 ② 태아 신경관의 정상 발달에 필요 ③ 혈액의 호모시스테인 수준을 정상으로 유지하는데 필요	120~400 μg	
12	비타민 B_{12}	정상적인 엽산 대사에 필요	0.72~2,000 μg	
13	비오틴	지방, 탄수화물, 단백질 대사와 에너지 생성에 필요	9~900 μg	
14	비타민 C	① 결합조직 형성과 기능유지에 필요 ② 철의 흡수에 필요 ③ 유해산소로부터 세포를 보호하는데 필요	30~1,000 mg	
15	칼슘	① 뼈와 치아 형성에 필요 ② 신경과 근육 기능 유지에 필요 ③ 정상적인 혈액응고에 필요 ④ 골다공증 발생 위험 감소에 도움을 줌 (질병발생위험감소기능)	210~800 mg	
16	마그네슘	① 에너지 이용에 필요 ② 신경과 근육 기능 유지에 필요	94.5~250 mg	
17	철	① 체내 산소운반과 혈액생성에 필요 ② 에너지 생성에 필요	3.6~15 mg	특히 6세 이하는 과량 섭취하지 않도록 주의
18	아연	① 정상적인 면역기능에 필요 ② 정상적인 세포분열에 필요	2.55~12 mg	
19	구리	① 철의 운반과 이용에 필요 ② 유해산소로부터 세포를 보호하는데 필요	0.24~7.0 mg	
20	셀레늄 (또는 셀렌)	유해산소로부터 세포를 보호하는데 필요	16.5~135 μg	

21	요오드	① 갑상선 호르몬의 합성에 필요 ② 에너지 생성에 필요 ③ 신경발달에 필요	45~150 ㎍	
22	망간	① 뼈 형성에 필요 ② 에너지 이용에 필요 ③ 유해산소로부터 세포를 보호하는데 필요	0.9~3.5 mg	-
23	몰리브덴	산화·환원 효소의 활성에 필요	7.5~230 ㎍	-
24	칼륨	체내 물과 전해질 균형에 필요	1.05~3.7 g	-
25	크롬	-	0.015~9 mg	-
26	식이섬유	식이섬유 보충	식이섬유로서 5 g 이상	반드시 충분한 물과 함께 섭취할 것 (액상 제외)
27	단백질	① 근육, 결합조직 등 신체조직의 구성성분 ② 효소, 호르몬, 항체의 구성에 필요 ③ 체내 필수 영양성분이나 활성물질의 운반과 저장에 필요 ④ 체액, 산-염기의 균형 유지에 필요 ⑤ 에너지, 포도당, 지질의 합성에 필요	단백질로서 12.0 g 이상	특정 단백질에 알레르기를 나타내는 경우에는 섭취 주의
28	필수 지방산	필수지방산의 보충	리놀레산은 4.0 g 이상, 리놀렌산은 0.6 g 이상	-

• 각 영양성분별 제조기준, 규격, 제품의 요건, 시험법이 수록되어 있다.

1-3 비타민 D

1) 제조기준

(1) 원료

(가) 비타민 D_2 (Ergocalciferol)

(나) 비타민 D_3 (Cholecalciferol)

(다) 식품원료를 사용하여 비타민 D를 보충할 수 있도록 제조·가공한 것

2) 규격

(1) 성상 : 고유의 색택과 향미를 가지며 이미·이취가 없어야 함

(2) 비타민 D : 표시량의 80 ~ 180%

(3) 대장균군 : 음성

3) 제품의 요건

(1) 기능성 내용

(가) 칼슘과 인이 흡수되고 이용되는데 필요

(나) 뼈의 형성과 유지에 필요

(다) 골다공증발생 위험 감소에 도움을 줌

(2) 일일섭취량 : 3 ~ 10 μg(120 ~ 400 IU)

(3) 섭취 시 주의사항

(가) 고칼슘혈증이 있거나 의약품 복용 시 전문가와 상담할 것

(나) 이상사례 발생 시 섭취를 중단하고 전문가와 상담할 것

4) 시험법

(1) 성상 : 제 4. 2-7 성상시험법

(2) 비타민 D : 제 4. 3-3 비타민 D

(3) 대장균군 : [별표 4] 참조

그림 1-1 영양성분 원료의 기준 및 규격 예

<표1-5. 고시형 기능성 원료>

No	원료명	No	원료명	No	원료명	No	원료명	No	원료명
1	인삼	15	달맞이꽃종자 추출물	29	포스파티딜세린	43	이눌린/치커리추출물	57	히알루론산
2	홍삼	16	EPA 및 DHA 함유 유지	30	글루코사민	44	차전자피 식이섬유	58	홍경천추출물
3	엽록소 함유 식물	17	감마리놀렌산 함유 유지	31	NAG	45	폴리덱스트로스	59	빌베리추출물
4	클로렐라	18	레시틴	32	뮤코다당·단백	46	호로파종자 식이섬유	60	마늘
5	스피루리나	19	스쿠알렌	33	구아검/구아검 가수분해물	47	알로에 겔	61	라피노스
6	녹차 추출물	20	식물스테롤 (에스테르)	34	글루코만난	48	영지버섯자실체 추출물	62	분말한천
7	알로에 전잎	21	알콕시글리세롤 함유상어간유	35	귀리식이섬유	49	키토산/키토올리고당	63	크레아틴
8	프로폴리스 추출물	22	옥타코사놀 함유 유지	36	난소화성말토덱스트린	50	프락토올리고당	64	유단백가수분해물
9	코엔자임 Q10	23	매실추출물	37	대두식이섬유	51	프로바이오틱스	65	상황버섯 추출물
10	대두이소플라본	24	공액리놀렌산	38	목이버섯 식이섬유	52	홍국	66	토마토추출물
11	구아바잎 추출물	25	가르시니아 캄보지아추출물	39	밀식이섬유	53	대두단백	67	곤약감자 추출물
12	바나바잎 추출물	26	마리골드 꽃추출물	40	보리식이섬유	54	테아닌	68	회화나무 열매추출물
13	은행잎 추출물	27	헤마토코쿠스 추출물	41	아라비아검	55	엠에스엠	69	콜레우스포스콜리추출물
14	밀크씨슬 추출물	28	쏘팔메토 열매추출물	42	옥수수겨 식이섬유	56	폴리감마글루탐산		

• 각 고시형 기능성 원료별 제조기준, 규격, 최종제품의 요건, 시험법이 수록되어 있다.

2-3 엽록소 함유 식물

1) 제조기준

(1) 원재료

(가) 맥류약엽(보리, 밀, 귀리의 어린 싹) 또는 어린 잎

(나) 알팔파의 성숙한 잎, 줄기

(다) 엽록소를 함유한 식용해조류

(라) 맥류약엽, 알팔파, 식용해조류 이외의 식용식물

(2) 제조방법 : 상기 (가) ~ (라)의 원재료의 경우에는 원재료를 그대로 또는 착즙 · 건조하여 제조하여야 함

(3) 기능성분(또는 지표성분)의 함량 : 총엽록소를 맥류약엽은 2.4 mg/g 이상, 알팔파는 0.6 mg/g 이상, 식용해조류 및 기타식용식물은 1.2 mg/g 이상 함유하고 있어야 함

2) 규격

(1) 성상 : 고유의 색택과 향미를 가지며 이미 · 이취가 없어야 함

(2) 총 엽록소

(가) 원료성 제품 : 표시량 이상

(나) 최종제품 : 표시량의 80 ~ 120%

(3) 총 페오포르바이드(mg/kg) : 1,000 이하

(4) 대장균군 : 음성

3) 최종제품의 요건

(1) 기능성 내용 : 피부건강 · 항산화에 도움을 줄 수 있음

(2) 일일섭취량 : 총엽록소로서 8 ~ 150 mg

(3) 섭취 시 주의사항 : 이상사례 발생 시 섭취를 중단하고 전문가와 상담할 것

4) 시험법

(1) 성상 : 제 4. 2-7 성상시험법

(2) 총 엽록소 : 제 4. 3-55 총 엽록소

(3) 총 페오포르바이드 : 제 4. 3-56 총 페오포르바이드

(4) 대장균군 : [별표 4] 참조

그림 1-2 고시형 기능성 원료의 기준 및 규격 예

3) 개별 인정형 원료

① 기능성 분류

식품의약품안전처에서 인정된 기능성 내용은 표1-6으로 분류할 수 있다.

<표1-6 기능성 인정 현황>

구분	세부 구분	사용 문구
신경계	기억력	기억력 개선에 도움을 줄 수 있음
	긴장완화	스트레스로 인한 긴장 완화에 도움을 줄 수 있음
	수면	수면(의 질 개선)에 도움을 줄 수 있음
	인지기능	노화로 인해 저하된 인지기능 개선에 도움을 줄 수 있음
	피로	스트레스로 인한 피로 개선에 도움을 줄 수 있음
감각계	구강	구강에서의 항균작용에 도움을 줄 수 있음 충치 발생 위험 감소에 도움을 줌
	눈	노화로 인해 감소될 수 있는 황반색소밀도를 유지하여 눈 건강에 도움을 줄 수 있음 눈의 피로도 개선에 도움을 줄 수 있음
	피부	건조한 눈을 개선하여 눈 건강에 도움을 줄 수 있음 자외선에 의한 피부손상으로부터 피부 건강 유지에 도움을 줄 수 있음 피부 보습에 도움을 줄 수 있음
소화 대사계	간	간 건강에 도움을 줄 수 있음 알코올성 손상으로부터 간을 보호하는데 도움을 줄 수 있음
	위	위 점막을 보호하여 위 건강에 도움을 줄 수 있음 담즙 분비를 촉진하여 지방소화에 도움을 줄 수 있음
	장	장내 유익균 증식 및 유해균 억제에 도움을 줄 수 있음 배변활동 원할에 도움을 줄 수 있음 장 면역을 조절하여 장 건강에 도움을 줄 수 있음
	체지방	체지방 감소에 도움을 줄 수 있음
	흡수	체내 칼슘 흡수 촉진에 도움을 줄 수 있음
내분비계	혈당	(당의 흡수를 억제하여) 식후 혈당상승 억제에 도움을 줄 수 있음 혈당조절에 도움을 줄 수 있음
	호르몬	갱년기 여성의 건강에 도움을 줄 수 있음 갱년기 남성의 건강에 도움을 줄 수 있음 월경전 변화에 의한 불편한 상태 개선에 도움을 줄 수 있음

심혈관계	중성지방	혈중 중성지방 개선에 도움을 줄 수 있음
	콜레스테롤	혈중 콜레스테롤 개선(감소)에 도움을 줄 수 있음
	혈압	높은 혈압 감소(혈압조절)에 도움을 줄 수 있음
	혈행	혈관이완을 통한 혈행 개선에 도움을 줄 수 있음 혈소판 응집을 억제하여 혈행 개선에 도움을 줄 수 있음
신체방어 및 면역계	과민면역	면역과민반응 개선에 도움을 줄 수 있음 면역과민반응에 의한 코상태 개선에 도움을 줄 수 있음 면역과민반응에 의한 피부산태 개선에 도움을 줄 수 있음
	면역	면역기능 증진(개선)에 도움을 줄 수 있음
	항산화	항산화에 도움을 줄 수 있음
근육계	관절/뼈	관절(및 연골) 건강에 도움을 줄 수 있음 뼈 건강에 도움을 줄 수 있음 근력 개선에 도움을 줄 수 있음
	근육	(근력운동시) 운동능 수행력 향상에 도움을 줄 수 있음 지구력 증진에 도움을 줄 수 있음
생식계	남성생식기	전립선 건강의 유지에 도움을 줄 수 있음
	여성생식기	질내 유익균 증식 및 유해균 억제에 도움을 줄 수 있음
비뇨계	신장 및 요로	방광의 배뇨기능 개선에 도움을 줄 수 있음 요로의 유해균 흡착 억제로 요로건강에 도움을 줄 수 있음
기타		어린이 키 성장에 도움을 줄 수 있음
		정자 운동성 개선에 도움을 줄 수 있음
		모발상태 개선에 도움을 줄 수 있음
		기관·기관지 상태 개선에 도움을 줄 수 있음
		윗몸 상태 완화에 도움을 줄 수 있음

2025년에 모발상태 개선, 기관·기관지 상태 개선, 윗몸 상태 완화 원료가 추가로 인정되었다. 다음의 개별인정형 원료는 식품안전나라 홈페이지 확인할 수 있다.

<표1-7. 개별인정형 기능성 원료 목록>

구분	기능성	기능성 원료	건수
1	장건강	프로바이오틱스 드시모네이소, 말토올리고당, 대두올리고당, 커피만노올리고당분말, 락추로스파우더, 자일로올리고당, 밀전분유래난소화성말토덱스트린, 무화과페이스트, 쇠비름주정추출분말 (KDC16-2), 갈락토올리고당분말(Bimuno®GOS powder), *Bacillus coaqulans* Unique IS-2 프로바이오틱스, *Bacillus coagulans* SNZ 1969 프로바이오틱스, *Lacticaseibacillus paracasei* subsp. *paracasei* 327(K-1) 열처리배양건조물	13
2	혈당조절	솔잎증류농축액, 콩발효추출물, 알부민, nopal추출물, 동결건조누에분말, 지각상엽추출 혼합물, 서목태(쥐눈이콩) 펩타이드 복합물, 인삼가수분해농축액, 타가토스, 히드록시프로필메틸셀룰로오스, 상엽추출물, L-arabinose, 세리포리아락세라타 균사체 배양물, 씨폴리놀 감태주정 추출물, 키토올리고당, 미숙여주주정추출분말, 뽕나무가지주정추출분말, *Lactobacillus plantarum* HAC01 프로바이오틱스, 당조고추건조분말, 홍삼	19
3	관절/ 뼈건강	초록입홍합추출오일, 황금 등 복합물, 로즈힙분말, 차조기등복합추출물, 지방산복합물 FAC, 호프추출물, 비즈왁스알코올, 전칠삼추출물 등 복합물, 가시오갈피 등 복합추출물, 강황추출물 (터마신), 보스웰리아추출물, CMO 함유 FAC (Fatty acid complex), 까마귀쪽나무 열매 주정추출물, 참당귀추출분말(Nutragen), 닭가슴연골분말(UC-II), 발효우슬등복합물, 가시오가피숙지황복합추출물, 유단백추출물, 우슬 등 복합물(HL-Joint100), 연어이리추출물(PRP연어핵산), 초록입홍합추출오일복합물, 콘드로이친, 보스웰리아추출물등복합물(Flexir), 구절초추출물, 타히보추출물, 천심련추출물, 가자추출물, 전호잎추출물, 트릴오일등복합물,(FlexProMD), ,크릴오일, 참나리추출분말, 난각막가수분해물, 타마린드강황주정추출복합물, 오미자·두충·구기자 추출복합물, 히알루론산, 보스웰리아추출물, 나한과박추출분말, *Latilactobacillus sakei* LB-P12 프로바이오틱스, 콘드로이친황산염	39
4	콜레스테롤 개선	사탕수수왁스알코올, 식물스타놀에스테르, 아마인, 보이차추출물, 홍국쌀, 보리베타글루칸추출물, 창녕양파추출액, 씨폴리놀 감태주정추출물, 적포도발효농축액, 복분자추출물, B. breve IDCC4401(BBR4401) 열처리배양건조물, 황국, 유산균복합물, 사탕수수왁스알코올(콜리코사놀)	15

5	체지방감소	식물성유지 디글리세라이드, 보이차추출물, 레몬 밤 추출물 혼합분말, 대두배아추출물등복합물, 그린마테추출물, 락토페린(우유정제단백질), 미역등복합추출물(잔티젠), 중쇄지방산(MCFA)함유 유지, 콜레우스포스콜리추출물, 깻잎추출물(PF501), *Lactobacillus gasseri* BNR17, 서목태(쥐눈이콩) 펩타이드 복합물, 발효식초석류복합물, 와일드망고 종자추출물(IGOB131), 그린커피빈추출물, 풋사과추출물 애플페논(Applephenon), L-카르니틴 타르트레이트, 핑거루트추출분말, 핑거루트추출분말(판두라틴), 돌외잎주정추출분말, 히비스커스등복합추출물, 그린커피빈주정추출물, 시서스추출물, *Lactobacillus* 복합물 HY7601+KY1032, 우뭇가사리추출물, 자몽추출물 등 복합물(Sinetrol), 해국추출물, 발효율피추출분말, 모로오렌지추출분말, 사삼 추출물, 레몬버베나추출물등복합물, 산수유추출복합물, 양춘사추출물, 옥수수수염·레몬밤추출복합물, 다이크로스타키스 글로메라타 추출물, 크릴오일, 와사비잎추출물, 풋사과추출물애플페논, 파비플로라생강뿌리추출물, 털부처꽃추출물, 블랙커민추출분말, 덖음귤피추출분말, 모로오렌지추출분말, 오미자박추출물, *Lactiplantibacillus plantarum* LMT1-48 프로바이오틱스, 해바라기종자추출물, 살라시아레티큘라타추출물, 백출양춘사추출복합물, 홍어껍질콜라겐펩타이드, *Lactiplantibacillus plantarum* ATG-K2 프로바이오틱스, 마르멜로추출물	51
6	면역 기능	구아바잎추출물 등 복합물, 다래추출물, 피카오프레토분말 등 복합물, 헤모힘당귀등혼합추출물, L-글루타민, 청국장균배양정제물(폴리감마글루탐산칼륨), 동충하초주정추출물, 효모베타글루칸, 인삼다당체추출물, 바이오게르마늄효모, Enterococcus faecalis 가열처리건조분말, 피엘에이지(PLAG, 1-palmitoyl-2-linoleoyl-3-acetyl-rac-glycerol), 쑥부쟁이추출분말, L. plantarum IM76과 B. longum IM55 복합물(NVP1703), 베타글루칸분말, 실크단백질산가수분해물, 들깨쇠비름혼합추출물, Weissella cibaria JW15 프로바이오틱스, 삼백초추출물, 락토페린, 녹용효소분해추출물, 어린도두꼬투리추출물, 에키네시아추출물, 영지버섯균사체추출분말	24
7	항산화	포도종자추출물, 피크노제놀-프랑스해안송껍질추출물, PME88메론추출물, 비즈왁스알코올, 복분자동결건조분말	5
8	피부 건강	소나무껍질추출물등 복합물, 홍삼·사상자·산수유복합추출물, 핑거루트추출분말, 핑거루트추출분말(판두라틴), 쌀겨추출물, 지초추출분말, AP 콜라겐 효소분해 펩타이드, 민들레 등 추출복합물, Collactive 콜라겐펩타이드, 저분자콜라겐펩타이드, 옥수수배아추출물, 프로바이오틱스 HY7714, 콩·보리 발효복합물, 밀배유추출물, 석류농축액 / 석류농축분말, PME88 메론추출물, 허니부쉬추출발효분말, 피쉬콜라겐펩타이드, 저분자콜라겐펩타이드NS, 로즈마리자몽추출복합물, 배초향추출물(Agatri®), 수국잎열수추출물, 밀추출물(Ceratiq®), 갈락토올리고당분말, 굴가수분해물, 들쭉추출분말, 가다랑어엘라스틴펩타이드, 저분자콜라겐펩타이드, 저분자피쉬콜라겐펩타이드, 유청단백지질추출물, 난각막분말, 유크림농축분말, 당귤농축분말, 풋사과농축분말,Lactiplantibacillus plantarum PBS067 등 프로바이오틱스 복합물(PBS), 목천료추출분말, 팔밋올레산함유명태(알래스카폴락)유래정제어유, 배초향·고지베리·무화과복합추출물, 장미꽃잎추출물, 녹각효소분해추출물, 저분자돈태반펩타이드, 인디안구스베리·새싹보리추출복합물, 연어코연골추출물, 보리수나무열매추출물	46

9	혈압조절	정어리펩타이드, 사탕수수왁스알코올, 가쯔오부시올리고펩타이드, 카제인가수분해물, 올리브잎주정추출물, L-글루타민산유래 GABA 함유분말, 해태올리고펩티드, 연어펩타이드, 서목태(쥐눈이콩) 펩타이드복합물, 나토균배양분말, 포도씨효소분해추출분말, 오가피열매추출물, 올리브잎주정추출물 EFLA943, 블랙라즈베리추출물, 홍삼추출효소처리분말	15
10	혈중 중성 지방 개선	식물성유지 디글리세라이드, 정제오징어유, 글로빈가수분해물, *Lactobacillus plantarum* Q180, 흑차추출물	5
11	혈행개선	피크노제놀-프랑스해안송껍질추출물, PME88 메론추출물, 정제오징어유, HK 나토배양물, 나토균배양분말, 카카오분말, L-아르기닌, 상황버섯등추출복합물, 포도잎추출물	9
12	기억력 개선	BT-11 원지추출분말, 당귀등추출복합물, 비파엽추출물, 구기자추출물, 천마등복합추출물(HX106), 유산균발효다시마추출물, 피브로인추출물 BF-7, 포도블루베리추출혼합물(MemophenolTM), 참깨박추출물, 열처리녹차추출물, 현삼추출물, 스피루니라추출물, 새싹인삼추출분말	13
13	간 건강	표고버섯균사체추출물, HK 표고버섯균사체, 복분자추출분말, 유산균발효다시마추출물, 도라지추출물, 유산균발효마늘추출물, 곰피추출물, 헛개나무과병추출분말, 댕댕이나무열매추출분말, 개똥숙추출분말, 레몬밤민들레추출복합, *L. plantarum* LC27과 *B. longum* LC67의 프로바이오틱스 복합물(NVP-1702), 새싹보리추출물, 헛개나무과병·오미자박추출복합물,	14
14	눈 건강	루테인/지아잔틴복합추출물, 루테인지아잔틴복합추출물, 루테인지아잔틴복합추출물 20%, 지아잔틴추출물, 들쭉열매추출물, 차즈기추출물, 빌베리추출물, 마리골드추출물(루테인에스테르), EPA 및 DHA 함유유지, 포도과피효소발효추출물(KL-GEFE), 루테인지아잔틴추출복합물, 병풀추출분말, 감잎주정추출분말, 마리콜드꽃추출물,(지아잔틴함유), 마키베리추출물, 티아이소크라이시스루테아분말, 밀배유추출물, 병풀추출분말, 테트라셀미스추이건조분말, 서목태추출물	21
15	긴장완화	아쉬아간다 추출물, 돌외잎추출물, 홀리바질추출물	3
16	인지능력 개선	참당귀뿌리추출물, 참당귀추출분말(Nutragen), 섬쑥부쟁이추출분말, 흰목이버섯추출분말, *Lactobacillus plantarum* C29 프로바이오틱스와 발효대두분말의 복합물(DW2009), 천마추출물, 황칠나무잎·줄기추출물, 강황추출물, 피롤로퀴놀린퀴논이나트륨염	10
17	전립선건강	쏘팔메토열매추출물등복합물, 사군자추출분말, 홍삼오일, 녹용당귀등복합추출물, 참당귀황기추출복합물, 단삼주정추출분말	6
18	칼슘 흡수		0
19	운동 수행 능력 개선	헛개나무과병추출분말, 동충하초 발효 추출물, *Lactobacillus plantarum* TWK10, CaHMB(Calcium β-Hydroxy-β-methylbutyrate)	4
20	요로 건강	파크렌크렌베리추출분말, 크랜베리 추출물	2
21	치아 건강	자일리톨	1

22	피로 개선	헛개나무과병추출분말, 발효생성아미노산 복합물, 돈태반발효추출물, 참당귀·녹용·황기 복합추출물	4
23	갱년기남성	MR-10민들레등복합추출물, 옻나무 추출분말, 호로파종자 등 추출복합물, 호로파종자추출물(Testofen®), 비수리추출분말, 두충우슬추출복합물	6
24	갱년기여성	백수오 등 복합추출물, 석류농축액, 석류추출물, 피크노제놀-프랑스해안송껍질추출물, 오미자추출물, 루바브뿌리추출물, *Lactobacillus acidophilus* YT1(HU038), 대두등추출복합물, MS-10 엉겅퀴등복합추출물, 발아발효콩추출물, 비수리추출분말, 호로파종자추출물, 대두배아유산균발효물	13
25	과민피부 상태개선	*L. sakei* Probio 65, 과채유래유산균(*L.plantarum* CJLP133), *Lactobacillus rhamnosus* IDCC3201 열처리배양건조물	3
26	배뇨기능	호박씨추출물 등 복합물	1
27	위 건강/ 소화기능	매스틱 검, 비즈왁스알코올, 스페인감초출출물, 아티초크추출물, 인동덩굴꽃봉오리추출물(그린세라-F), 작약추출물등복합물(HT074), 꾸지뽕잎추출물, 증숙생각추출분말, 황해쑥추출분말, 백편두추출분말, 산딸기·왕느릅나무·치자추출복합물, 유산균발효대두분말, 골드키위유산균발효물	13
28	정자운동성 개선	마카젤라틴화분말	1
29	질내 유익균 증식, 유해균 억제	UREX 프로바이오틱스, 리스펙타(Respecta) 프로바이오틱스	2
30	월경전변화 개선	백아구절조추출복합물	1
31	어린이 키성장	황기추출물등 복합물(HT042), 유산균발효굴추출물, 한삼덩굴추출분말	3
32	수면질 개선	감태추출물, 미강주정추출물, 유단백가수분해물(락티움), L-글루탐산발효가바분말, 아쉬아간다 추출물, 상추추출물, 라임과피추출물	7
33	근력 개선	오미자추출물, 강황추출물, 저분자유청단백가수분해물, 발효굴추출물, 녹용유산균발효분말, 지초추출분말	6
34	모발상태 개선	기장밀추출복합물, *Latiactobacillus curvatus* LB-P9 프로바이오틱스	2
35	기관·기관지 상태 개선	프로바이오틱스(Lactiplantibacillus plantarum K(3)·익모추출복합물(ᄎᆞ유-315), 감국감태추출복합물, *Akkermansia muciniphila* EB-AMDK19 열처리배양건조물	3
36	윗몸상태 완화	프로폴리스망고스틴껍질복합물	1

2025년에는 관절건강 6건, 피부건강 7건, 체지방감소 13건, 콜레스테롤 감소 2건, 인지능력 개선 5건, 간 건강 2건, 장 건강 1건, 눈 건강 5건, 수면 건강 2건, 면역기능 3건, 갱년기 여성 건강 2건, 위 건강 1건, 전립선 건강 1건, 기관·기관지 건강 3건, 모발개선 1건, 눈 건강 3건, 윗몸 상태 완화 1건, 어린이 키성장 1건, 근력개선 2건, 긴장 완화 1건이 추가로 인정되었다.

4) 표시기준

건강기능식품의 표시 기준은 '건강기능식품' 도안과 문구 표시, 제품명, 업소명, 유통기한, 내용량, 영양정보, 기능정보, 섭취량 및 주의사항 등을 의무적으로 표기해야 한다. 또한, 기능성 원료의 함량은 1일 섭취 기준량의 30% 이상이어야 하고, 소비기한까지 함량이 유지되어야 한다.

① 필수 표기사항

- 건강기능식품 표시 또는 건강기능식품 도안

: 건강기능식품은 건강기능식품을 나타내는 아래 도안을 주표시면에 15×15mm 이상의 크기로 표시하거나, "건강기능식품"이라는 문구를 표시하여야 한다. 다만, 포장면적이 150cm^2 이하인 제품의 경우 도안의 크기를 식별이 가능한 범위에서 자유롭게 표시할 수 있다.

: 건강기능식품의 원료 또는 성분은 주표시면에 "건강기능식품원료"라는 표시를 하여야 한다.

- 제품명

: 제품명은 그 제품의 특성을 나타내는 고유명칭으로서, 영업허가 또는 신고관청에 품목제조신고서 또는 수입신고서에 기재한 명칭을 표시하여야 한다.

:「건강기능식품에 관한 법률」제14조제1항에 따른 기준·규격에서 정하고 있는 영양성분·기능성 원료 명칭(해당 제품의 특성을 나타내는 명칭의 일부만 사용할 수도 있다) 또는「건강기능식품에 관한 법률」제14조제2항에 따른 식품의약품안전처장이 인정한 명칭을 사용하여야 한다. 이 경우 상호 또는 상표나 가상의 명칭을 함께 사용할 수 있다.

: 제품의 특성과 제조상의 처리조건 등을 함께 사용하고자 하는 경우에는 소비자가 오인·혼동하지 않도록 필요한 부가적인 용어(건조, 농축, 환원, 훈연 등)를 제품명과 함께 사용하거나 제품명 주변에 표시하여야 한다.

: 법 제8조에 따른 부당한 표시 또는 광고에 따른 허위·과대·비방의 표시·광고에 해당하는 표현이나, 다른 건강기능식품과 오인·혼동할 수 있는 표현을 포함하여 사용하여서는 아니 된다.

: 수입건강기능식품의 제품명을 한글로 표시함에 있어, 외국어 제품명을 한글로 번역하여 표시할 수 있다. 이 경우 가목부터 라목까지의 규정에 적합하게 하여야 한다.

: 제품명 주변(바로 위·아래·옆)에 해당 기준·규격상의 명칭 등이 뚜렷이 보이도록 가장 큰 제품명 글씨크기의 2분의 1이상 크기로 표시하는 경우에는 기준·규격상의 명칭을 제품명에 포함하지 아니할 수 있다.

그림 1-3 건강기능식품 도안

- 업소명 및 소재지

: 건강기능식품제조업소의 명칭과 소재지는 영업허가증에 기재된 업소명 및 소재지를 표시하여야 한다. 이 경우 제조업소의 소재지 대신 반품교환업무를 대표하는 소재지를 표시할 수 있다.

:「건강기능식품에 관한 법률」 제22조에 따른 우수건강기능식품 적용업소에서 건강기능식품을 소분하여 재포장하는 경우에는 원래 표시 사항을 그대로 표시하여야 하며, 해당 우수건강기능식품제조기준 적용업소의 명칭(소분 재포장 업소명) 및 소재지도 표시하여야 한다. 이 경우 우수건강기능식품제조기준 적용업소의 소재지 대신 반품교환 업무를 대표하는 소재지를 표시할 수 있다.

:「수입식품안전관리 특별법」 제14조제1항에 따른 수입식품 등 수입‧판매업소의 명칭과 소재지는 영업등록증에 기재된 업소명 및 소재지(또는 반품교환업무를 대표하는 소재지, 이 경우 반품교환업무 소재지임을 표시하여야 한다)를 표시하고, 수입신고한 해당 제품의 제조업소명을 병행하여 표시하여야 한다. 이 경우 제조업소명이 외국어로 표시되어 있으면 한글로 따로 표시하지 아니할 수 있다.

:「건강기능식품에 관한 법률」제6조제2항에 따른 건강기능식품판매업소가 업소명 및 소재지, 상표 또는 로고 등을 추가하여 표시하고자 하는 때에는 해당 제품의 제조업소명 및 소재지, 상표 또는 로고 등의 글씨크기와 같거나 작게 표시하여야 한다.

- 소비기한 및 보관방법

: 소비기한은 다음의 구분에 따라 정하여 표시하여야 한다.

→ 소비기한의 표시는 "○○년○○월○○일까지" 또는 "○○.○○.○○까지", "○○○○년○○월○○일까지" 또는 "○○○○.○○.○○까지"로 표시하여야 하고, 소비기한을 정보표시면에 일괄표시하기가 곤란한 경우에는 해당 위치에 소비기한의 표시위치를 명시하여야 한다.

→ 수입되는 건강기능식품인 경우 수출국의 소비기한 표시순서가 위의(1) 표시순서와 다를 때에는 소비자가 알아보기 쉽도록 년, 월, 일의 표시순서를 예시하여야 한다.

→ 제조일을 함께 표시하는 경우에 소비기한이 1월 이내이면 "제조일로부터 ○○일까지", 소비기한이 12월 미만이면 "제조일로부터 ○○월까지" 또는 소비기한이 1년 이상이면 "제조일로부터 ○○년까지"로 표시하여야 한다. 이 경우 제조일의 표시는 "○○년○○월○○일" 또는 "○○.○○.○○", "○○○○년○○월○○일" 또는 "○○○○.○○.○○"의 방법으로 표시하여야 한다.

: 소비기한이 서로 다른 여러 가지 제품을 함께 포장하였을 경우에는 그중 가장 짧은 소비기한 하나만을 표시하여야 한다.

: 소비기한을 표시함에 있어 해당 제품의 사용 또는 보존에 관한 기준이 정하여진 경우에는 이를 함께 표시하여야 한다. 이 경우 냉동 또는 냉장상태가 계속적으로 유지되어야 하는 제품은 「냉동보관」 또는 「냉장보관」이라고 표시하여야 한다.

- 내용량

: 내용물의 성상에 따라 중량·용량 또는 개수로 표시하여야 한다. 이 경우 내용물이 고체 또는 반고체일 경우 중량으로, 액체일 경우 용량으로, 고체와 액체의 혼합물일 경우 중량 또는 용량으로 표시하고, 개수로 표시할 때에는 중량 또는 용량을 괄호 속에 함께 표시하여야 한다.

: 정제형태로 제조된 제품의 경우에는 판매되는 한 용기·포장내의 정제수와 총중량을, 캅셀형태로 제조된 제품의 경우에는 캅셀수와 피포제 중량을 제외한 내용량을 표시하여야 한다.

- 영양정보

: 열량, 탄수화물, 당류(캡슐·정제·환·분말 형태의 건강기능식품은 제외), 단백질, 지방, 나트륨과 법 시행규칙 제6조제3항 관련 별표 5의 1일 영양성분 기준치의 30% 이상을 함유하고 있는 비타민 및 무기질은 그 명칭, 1회 분량 또는 1일 섭취량 당 함량 및 영양성분

기준치(또는 한국인 영양섭취기준)에 대한 비율(%, 열량, 당류는 제외한다)을 다음과 같이 표시하여야 한다(주원료로 사용한 비타민 및 무기질 제외). 다만, 법 시행규칙 제6조 제3항 관련 별표 5의 1일 영양성분 기준치의 30% 미만을 함유하고 있는 비타민, 무기질과 식이섬유, 포화지방, 불포화지방, 콜레스테롤, 트랜스지방은 임의로 표시할 수 있으며, 이 경우 해당 영양성분의 명칭, 함량 및 영양성분 기준치(또는 한국인 영양섭취기준)에 대한 비율(%, 불포화지방, 트랜스지방은 제외한다)을 표시하여야 한다.

① 열량

열량의 단위는 킬로칼로리(kcal)로 표시하되, 그 값을 그대로 표시하거나 그 값에 가장 가까운 5킬로칼로리(kcal) 단위로 표시하여야 하며, 5킬로칼로리(kcal)미만은 "0"으로 표시할 수 있다. 열량의 계산은 표시된 각 영양성분의 함량("00g 미만"으로 표시되어 있는 경우에는 그 실제 값으로 한다)을 기준으로 계산하며, 각 성분 1그램(g)당 탄수화물과 단백질은 각각 4킬로칼로리(kcal), 지방은 9킬로칼로리(kcal), 알콜은 7킬로칼로리(kcal), 유기산은 3킬로칼로리(kcal), 당알콜은 2.4킬로칼로리(kcal)[에리스리톨은 0킬로칼로리(kcal)], 식이섬유는 2킬로칼로리(kcal)를 곱한 값의 합으로 한다. 다만, 탄수화물 중 당알콜 및 식이섬유의 함량을 별도로 표시하는 경우의 탄수화물에 대한 열량 산출은 당알콜은 1그램(g)당 2.4킬로칼로리(kcal)[에리스리톨은 0킬로칼로리(kcal)]를, 식이섬유는 1그램(g)당 2킬로칼로리(kcal)를, 당알콜과 식이섬유를 제외한 탄수화물은 1그램(g)당 4킬로칼로리(kcal)를 각각 곱한 값의 합으로 한다.

② 탄수화물

탄수화물의 단위는 그램(g)으로 표시하되, 그 값을 그대로 표시하거나 그 값에 가장 가까운 1그램(g)단위로 표시하여야 하며, 1그램(g)미만은 "1그램(g)미만"으로, 0.5그램(g)미만은 "0"으로 표시할 수 있다. 이 경우 탄수화물의 함량은 건강기능식품 중량에서 조단백질, 조지방, 수분 및 조회분의 함량을 뺀 값을 말한다. 식이섬유 또는 당류의 표시는 탄수화물 바로 아래에 탄수화물의 표시방법에 준하여 표시하여야 한다.

③ 단백질

단백질의 단위는 그램(g)으로 표시하되, 그 값을 그대로 표시하거나 그 값에 가장 가까운 1그램(g) 단위로 표시하여야 하며, 1그램(g)미만은 "1그램(g)미만"으로, 0.5그램(g)미만은 "0"으로 표시할 수 있다.

④ 지방

지방의 단위는 그램(g)으로 표시하되, 그 값을 그대로 표시하거나5그램(g)이하는 그 값에 가장 가까운 0.5그램(g) 단위로, 5그램(g)을 초과한 경우에는 그 값에 가장 가까운 1그램(g) 단위로 표시하여야 하며, 0.5그램(g)미만은 "0"으로 표시할 수 있다.

→ 포화지방 또는 불포화지방의 표시는 지방 바로 아래에 지방의 표시방법에 준하여 표시하여야 한다.

→ 콜레스테롤의 표시는 지방 바로 아래에 미리그램(mg)으로 표시하되, 그 값을 그대로 표시하거나 그 값에 가장 가까운 5미리그램(mg) 단위로 표시하여야 한다. 이 경우 2미리그램(mg)이상 5미리그램(mg)미만은 "5미리그램(mg)미만"으로, 2미리그램(mg)미만은 "0"으로 표시할 수 있다.

→ 트랜스지방의 표시는 지방 바로 아래에 그램(g)으로 표시하되 그 값을 그대로 표시하거나 0.5그램(g)미만은 "0.5그램(g)미만"으로 표시할 수 있으며, 0.2그램(g)미만은 "0"으로 표시할 수 있다. 다만, 식용유지류 유형으로 제조된 건강기능식품에서는 100그램(g) 당 2그램(g)미만일 경우 "0"으로 표시할 수 있다.

⑤ 나트륨

나트륨의 단위는 미리그램(mg)으로 표시하되, 그 값을 그대로 표시하거나 5미리그램(mg)이상 120미리그램(mg)이하인 경우에는 그 값에 가장 가까운 5미리그램(mg) 단위로, 120미리그램(mg)을 초과하는 경우에는 그 값에 가장 가까운 10미리그램(mg) 단위로 표시하여야 하며, 5미리그램(mg)미만은 "0"으로 표시할 수 있다.

⑥ 열량, 탄수화물, 당류, 단백질, 지방, 콜레스테롤, 트랜스지방 및 나트륨의 함량을 "0"으로 표시하는 경우에는 그 표시를 생략할 수 있다.

⑦ 영양성분 기준치에 대한 비율(%)은 제품에 표시된 각 영양성분의 함량을 사용하여 영양성분기준치에 대한 비율을 산출한 후 이를 반올림하여 정수로 표시하여야 한다. 다만 함량이 "00g 미만"으로 표시되어 있는 경우에는 그 실제 값을 그대로 사용하여 영양성분 기준치에 대한 비율을 산출하여야 한다.

: 영양성분 표시량과 실제측정값의 허용범위는 다음과 같다.

① 영양성분의 실제측정값은「건강기능식품에 관한 법률」제14조 및 제15조에 따른「건강기능식품 기준 및 규격」의 규격에 적합하여야 한다.

② ①에서 정하지 않는 열량, 당류, 지방, 포화지방, 콜레스테롤, 트랜스지방, 나트륨의 실제측정값은 표시량의 120퍼센트(%)미만이어야 하고, 탄수화물의 실제측정값은 표시량의 80퍼센트(%)이상이어야 한다.

③ 영양성분의 실제 측정값이 1)과 2)의 규정범위를 벗어나더라도 그 양이 가목의 영양성분별 단위 표시방법에서 정하는 범위 이내인 경우에는 허용범위를 벗어난 것으로 보지 아니한다.

: 영양정보표시는 제7호의 기능정보표시와 함께 정보표시면에 별표 1의 영양·기능정보표시요령과 방법에 따라 표시하여야 한다.

- 기능 정보

: 해당 제품에 사용된 기능성원료의 기능성분 또는 지표성분의 명칭과 1회 분량 또는 1일 섭취량 당 함량을 표시하여야 한다. 단, 소비자에게 직접 판매되지 아니하는 원료용 제품은 단위값에 함유된 최종함량으로 표시할 수 있다.

: 기능성표시는 「건강기능식품에 관한 법률」제14조 또는 제15조에 따른 기준·규격에서 정한 기능성이나 기타 식품의약품안전처장이 인정한 기능성을 표시하여야 한다.

: 「건강기능식품 기준 및 규격」에 따른 프로바이오틱스 기능성분(또는 지표성분)의 1회 분량 또는 1일 섭취량 함량을 표시하는 경우에는 숫자와 한글을 병행 표시하거나 한글로 표시하여야 한다.

(예시) 100,000,000(1억) CFU/g 또는 1억 CFU/g 등

- 섭취량, 섭취방법 및 섭취시 주의사항

: 해당 제품에 대한 섭취 대상별 1회 섭취하는 양과 1일 섭취횟수 및 섭취방법을 표시하여야 한다.

: 해당 제품의 섭취시 이상증상이나 부작용 우려대상, 과다 섭취시 부작용 가능성 및 그 양 등 주의해야 할 사항이 있을 경우 이를 표시하여야 한다.

- 원료명 및 함량

: 원료명은 해당제품의 기능성을 나타내는 주원료를 우선표시하고 그 외의 원료는 제조시 많이 사용한 순서에 따라 표시하여야 한다. 다만, 최종제품에 남아있지 아니한 원료명은 표시하지 아니할 수 있다.

: 주원료의 함량을 표시하는 경우에는 기능성분(또는 지표성분)의 명칭과 함량을 함께 표시하여야 한다.

: 기타원료의 함량을 표시하려는 경우에는 원료명을 주원료와 기타원료로 구분하여 많이 사용한 순서대로 표시하여야 한다. 이 경우 기타원료의 성분명칭을 함께 표시하여서는 아니된다.

(예시) 기타원료 D의 함량을 표시하고자 하는 경우
주원료: A, B
기타원료: C, D 00%

: 복합원료(2 종류 이상의 원료를 사용하여 제조한 제품)를 원료로 사용한 때에는 그 복합원료명을 표시하고 괄호 속에 많이 사용한 원료명을 순서에 따라 표시하여야 한다. 다만, 복합원료가 해당 제품의 5퍼센트(%) 미만에 해당되거나 복합원료 명칭에서 그 원료가 분명할 경우에는 해당 원료명을 표시하지 아니할 수 있다.

: 제조시 사용한 정제수는 원료로 표시하여야 한다. 다만, 그 사용한 정제수가 최종제품에 남아 있지 아니한 경우와 소금물, 시럽 또는 육수 등으로 표시한 경우에는 이에 사용한 정제수를 따로 표시하지 아니할 수 있다.

: '명칭과 용도를 함께 표시하여야 하는 식품첨가물'에 해당하는 용도로 건강기능식품을 제조·가공시에 직접 사용·첨가하는 식품첨가물은 라목 단서에도 불구하고 그 명칭과 용도를 함께 표시하여야 한다.

: '식품첨가물의 간략명 및 주용도'에 해당하는 식품첨가물의 경우 식품첨가물공전의 고시된 명칭이나 동 표에서 규정한 간략명 또는 그 식품첨가물에 해당하는 주용도로 표시하여야 한다. 다만, 건강기능식품의 주원료로 사용한 경우에는 고시된 명칭만을 사용하여야 하고. '식품첨가물의 간략명 및 주용도'에서 규정한 주용도가 아닌 다른 용도로 사용한 경우에는 고시된 명칭 또는 간략명으로 표시하여야 한다.

: 식품첨가물중 향료를 사용한 경우에는 명칭 옆에 괄호로 용도를 "천연향료" 또는 "합성향료"로 구분하여 표시할 수 있다.

: 원료로서 사용한 추출물(또는 농축액)의 함량을 표시하는 때에는 제품중에 함유된 각각의 원료 고형분 함량(백분율)을 함께 표시하여야 한다. 다만, 고형분 함량의 측정이 어려운 경우 배합량으로 표시할 수 있다.

- 질병의 예방 및 치료를 위한 의약품이 아니라는 내용의 표현

: 질병의 예방 및 치료를 위한 의약품이 아니라는 내용의 표현은 소비자가 알아보기 쉽도록 표시면의 바닥면과 평행하게 표시하여야 한다.

: 건강기능식품은 인체에 유용한 기능성을 가진 원료나 성분을 사용하여 제조가공한 식품이라는 표현을 할 수 있다.

- 소비자 안전을 위한 주의사항

: 법 시행규칙 제5조 관련 별표 2에 따른다.

- 기타 건강기능식품의 세부표시기준에서 정하는 사항

: 동물에서 유래된 성분(식품첨가물을 포함한다)을 사용하는 경우에는 그 성분명, 기원동물 및 사용부위를 표시하여야 한다. 다만, 빈 캅셀 등 제조공정상 소해면상뇌증의 감염우려가 없는 품목의 경우에는 그러하지 아니하다.

: 인삼 및 홍삼제품에 대한 표시는 다음과 같다.

① 인삼·홍삼제품의 기준 및 규격에 적합한 제품과 인삼·홍삼을 기능성 원료로 사용한 인삼·홍삼 제품의 경우 인삼 또는 인삼을 나타내는 명칭(제품명을 포함한다), 도안 및 그림 등을 표시하거나 사용할 수 있다. 다만, 다른 법령에서 별도로 정하여진 경우에는 그러하지 아니하다.

② 인삼·홍삼제품에 사용한 원료삼의 배합비율(백분율)을 미삼류와 인삼근류로 구분하여 표시하여야 한다.

③ 제품설명문 또는 포장에 인삼의 유래를 표기하고자 하는 때에는 인삼의 유래 기본문안을 준용하여야 한다.

④ 제품명은 한자로 표시할 수 있다.

⑤ 국내 시판제품에는 "대한민국특산품"이라는 자구를 한글 또는 한자로 표시할 수 있고, 수출품에는 "대한민국특산품"이라는 자구를 영어 또는 수입국의 언어로 표시할 수 있다.

: 「건강기능식품에 관한 법률」 제22조에 따른 우수건강기능식품제조기준(GMP)적용지정업소의 제품에는 "GMP적용업소" 라는 문구 또는 우수건강기능식품제조기준(GMP)적용지정업소임을 나타내는 도안(이하 "GMP 도안"이라 한다)을 표시할 수 있다. 다만 GMP 도안을 표시할 때에는 별표 2의 GMP 도안에 따라 표시하여야 한다.

: 살균제품 또는 멸균제품은 "살균제품", "멸균제품"으로 각각 표시하여야 한다.

: 제9호다목 이외에 기타 원료(성분)의 명칭 또는 함량을 별도로 표시하거나, 기타 원료의 사진, 이미지 등의 표시를 하여서는 아니된다.

2. 건강기능식품의 성장 배경 및 시장 현황

1) 역사적 배경

미국은 건강기능식품 산업이 가장 먼저 대규모로 성장한 국가로, 이는 의료비 상승과 개인의 건강 자율권에 대한 사회적 요구가 강하게 반영된 결과이다. 1970년대부터 비타민, 미네랄 보충제 중심의 영양보건 운동이 확산되었고, 1990년 「Nutrition Labeling and Education Act(NLEA)」 제정으로 영양표시 기준을 마련하였다. 1994년 「Dietary Supplement Health and Education Act(DSHEA)가 제정되어 산업 성장의 결정적 전환점을 맡게 되었다.

일본은 고령화가 가장 먼저 진행된 국가로, 1980년대 후반부터 예방 중심의 영양 관리 정책이 강화되었다. 이를 바탕으로 세계 최초의 제도화된 기능성 식품 인증체계가 도입되었다.

EU는 회원국 간 식품 및 보충제 규제를 통합하기 위해 2002년 「Directive 2002/46/EC」를 제정하여 영양성분 보충제의 표시 기준을 통일하였다. 그러나 기능성 표시(health claim)는 매우 엄격하게 제한된다. 기능성 효과는 유럽식품안전청(EFSA)가 검토하며, 임상·기전·역학 근거가 모두 요구된다. 검증되지 않은 기능성 표시는 금지되어 있어 시장 진입 장벽이 매우 높다. 대신 승인된 제품은 높은 과학적 신뢰성 유지가 가능하므로 EU 모델은 과학적 근거와 공중보건 보호를 최우선으로 하는 체계라고 할 수 있다.

우리나라는 1990년대 후반 건강보조식품이 급격히 증가하면서 품질 관리 미흡, 과대광고, 안전성 문제가 사회 문제로 떠올랐다. 이에 따라 정부는 기능성 식품을 식품과 의약품 사이의 독립 범주로 정의하여 제도화하였다. 제도는 다음 세 가지 특징을 가진다.

기능성 근거를 국가가 검증(고시형·개별인정형 원료 제도)하며, EU와 유사한 근거 중심 안전 규제를 하고 있다. 일본과는 달리 기능성 문구는 표준화된 표현만 허용하며, 제품 카테고리가 질환 치료가 아닌 '생리 기능 유지 및 개선' 중심으로 명확히 정의되어 있다.

2) 시장 현황

한국건강기능식품협회(KHSA)에 따르면 2024년 국내 건강기능식품 시장은 약 7조 원을 돌파했다. 2015년 약 2조 원 수준이었던 시장이 10년 만에 3배 이상 성장한 셈이다.

성장 요인은 다음과 같다.

① **고령화 가속화:** 65세 이상 인구 비율이 2025년 20%를 돌파하며 '초고령사회' 진입. 노년층의 근육량, 뼈 건강, 혈당 관리용 제품 수요 확대되고 있다.

② **자기관리형 소비 트렌드:** MZ세대를 중심으로 '셀프 메디케이션(Self Medication)' 문화 확

산. 병원 치료보다 '예방'에 초점을 맞춘 소비 증가가 하고 있다.

③ **온라인 유통 확대:** 쿠팡, 네이버, 마켓컬리 등 이커머스 플랫폼을 통한 건강식품 판매 급증. 특히 인플루언서 중심의 '라이브 커머스' 마케팅이 주요 판매 채널로 부상하고 있다.

주요 인기 제품군으로 다음과 같다.

① **프로바이오틱스:** 장 건강 및 면역력 관련 대표 품목으로, 전체 시장의 약 25%를 차지

② **비타민 및 미네랄:** 여전히 기본 수요층이 가장 넓은 범용 기능성 제품군

③ **오메가-3 및 혈행 개선 제품:** 중장년층 중심으로 꾸준한 수요 유지

④ **단백질 보충제:** 운동 인구 증가 및 다이어트 트렌드 확산으로 고성장

④ **루테인·아스타잔틴 등 눈 건강 기능식품:** 디지털 기기 사용 증가로 20~40대 중심의 신규 수요층 형성

⑤ **홍삼:** 여전히 한국 시장의 상징적 제품. 다만 젊은층에서는 '맛'과 '편의성'을 개선한 RTD (Ready To Drink) 형태 제품 선호 증가

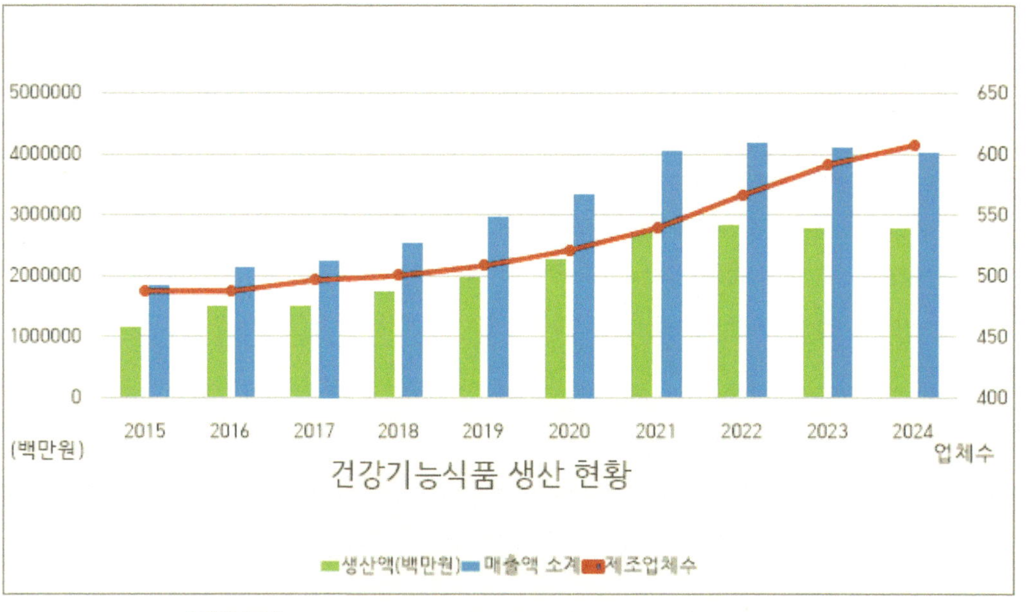

그림 1-4 국내 건강기능식품 생산 현황(자료출처 : 식품의약품안전처)

미국은 글로벌 건강식품 시장의 약 30%를 차지한다.

프리미엄 멀티비타민 및 플랜트 베이스드(Plant-Based) 단백질 제품이 주류이며.마이크로바이옴(Microbiome) 연구 기반의 장 건강 제품, '브레인 헬스'(인지기능 향상) 제품군이 성장세를 보이며, 기능성 스낵, 음료 등 일상식품과 건강기능의 결합이 활발하다.

FDA의 규제 강화로 제품 표시 투명성 및 과학적 근거 확보가 중요 과제가 되고 있다.

유럽은 지속가능성(Sustainability)과 비건(Vegan) 트렌드가 두드러진다. 오가닉 인증, 탄소발자국 표시 등 환경 친화적 제품이 프리미엄 시장을 주도하고 있으며, 식물성 오메가-3, 식물성 단백질, 허브 기반 보충제 등이 성장하고 있다.

지중해식 다이어트 요소를 활용한 식품 브랜드들이 건강식품과 일반식품의 경계를 허물고 있다.

중국에서는 면역력, 간 건강, 미용 기능 중심의 제품 급성장하고 있으며, 왕홍(인플루언서)을 통한 SNS 판매가 강세를 나타내고 있다.

일본은 전통 발효식품(낫토, 유산균, 효소 제품 등)이 꾸준한 인기를 보이고 있으며, 기능성 표시식품 제도(Foods with Function Claims)가 시장 신뢰를 뒷받침하고 있다.

인도 및 동남아에서는 아유르베다(Ayurveda), 허브·향신료 기반 천연 기능성 원료 수요가 지속적으로 증가하고 있다.

3) 트렌드 및 마케팅 포인트

① 미생물 및 발효 유래 신소재

장내 미생물(microbiome) 연구가 급격히 확산됨에 따라, 프로바이오틱스·포스트바이오틱스(postbiotics) 등이 주목받고 있다. 발효 과정 중 생성되는 생리활성 펩타이드, 폴리페놀 변형체가 새로운 기능성 원료로 활용된다.

② 해양 바이오소재

해조류, 미세조류, 해양 미생물에서 항산화·항비만·면역조절 성분이 풍부하게 발견된다.

예: 후코이단(fucoidan), 아스타잔틴(astaxanthin), 해양펩타이드 등

③ 식물유래 기능성 대사체

식물의 2차 대사산물(플라보노이드, 사포닌, 페놀산 등)은 대표적 기능성 물질이다.

최근에는 식물스트레스 유도재배(elicitor farming) 를 통해 활성물질 함량을 높이는 연구도 진행 중이다.

④ **AI·빅데이터 기반 소재 예측**

기존 논문·특허 데이터베이스를 학습시켜, 특정 건강기능(예: 혈당 조절)에 기여할 가능성이 높은 천연물 후보를 자동 예측한다. 생리활성 데이터와 화합물 구조 정보를 연계해 신속한 후보 발굴이 가능하다.

⑤ **4S 프레임 워크**

- Science (과학적 근거):기능성 문구, 원료의 인체시험, 특허, 논문를 통한 "근거 있는 건강기능식품" 메시지 강조
- Safety (안전성 및 신뢰 요소): HACCP, 원산지, 중금속 검출 여부, 제조사 수준 등으로 "이 제품이 왜 안전한가"를 구체적으로 소통
- Story (브랜드·원료·효능 스토리): 감성적·문화적 가치를 연결한 스토리텔링 예: 전통 원료 스토리, 산지 서사, 개발자 신념 등
- Satisfaction (사용 경험 및 고객 리뷰): 실제 사용자 체감 경험 강조 복용 후기, Before-After, 설문 결과 활용

→ 기능성 제품일수록 감성 + 과학의 혼합 메시징이 중요하다.

3. 건강기능 식품 개발 과정 현황

건강기능식품 개발은 의약품 개발에 비해 규제가 완화되어 있지만, 과학적 근거 확보와 안전성 검증이라는 측면에서 체계적인 단계가 요구되는 복합적 연구·산업 프로세스이다. 전 세계적으로 기능성 식품 시장이 확대되면서 제품 차별화와 인체적용시험의 중요성이 커졌고, 한국의 경우 「건강기능식품에 관한 법률」에 따라 기능성 인정 절차가 엄격히 관리되고 있다. 전반적 개발 과정을 연구개발(R&D) 단계부터 인체적용시험, 인허가, 생산 및 시판에 이르기까지 순차적으로 살펴보면 다음과 같다. 제 II장에서는 그 사례를 결과 중심으로 수록하였다.

1) 후보 소재 탐색 단계(Screening & Discovery)

개발 과정은 먼저 기능성 후보 소재를 발굴하는 것에서 시작된다. 이는 전통식품이나 약용식물, 미생물, 해양·동물성 원료 등 자연물 기반 탐색이 일반적이며, 최근에는 빅데이터 기반 식이 패턴 분석, 메타분석 등을 활용한 후보 도출도 증가하고 있다. 후보물질은 기존 문헌자료와 안전성 보고, 기존 개별인정 사례 등을 검토하여 우선순위를 결정한다. 이 과정에서 핵심은 기능성 타깃(예: 면역, 장 건강, 체지방 감소 등)**을 명확히 설정하고 소재와의 생리활성 연관성을 확보하는 것이다.

2) 기초연구(기전 확인 연구)

후보 소재가 선정되면 세포 수준(in vitro)에서 항산화능, 항염증 효과, 효소 억제능 등 기초 기전을 검증한다. 이어 동물실험(in vivo)을 통해 흡수·대사·분포·배설(ADME) 특성과 독성 여부를 확인한다. 특히 건강기능식품은 의약품보다 허용 독성 범위가 좁으므로, 90일 반복투여 독성시험이나 급성독성시험 결과가 안전성 근거로 중요하게 활용된다. 이러한 기전 및 안전성 연구는 인체적용시험 설계 근거로도 연결되며, 적절한 용량 범위도 동물실험에서 초기 설정된다.

3) 원료 표준화 및 기능성 지표 확립(Standardization)

기능성 원료는 자연물에서 유래하는 경우가 많아 Lot. 간 함량 변이가 크므로, 지표 성분(marker compound)을 설정해 일정 품질을 유지할 수 있는 표준화 공정이 필수적이다. 추출 용매, 농축 조건, 건조 방식(분무·동결 등)을 최적화하여 일관된 생리활성 확보가 가능해야 하며, 중금속·잔류농약·미생물시험 등 안전성 기준도 맞추어야 한다. 이 단계는 이후 식약처 개별인정형 원료 신청 시 기술문서의 핵심 파트가 된다.

4) 제형 개발(Formulation) 및 제조공정 확립

기능성 원료는 최종 제품에 적합한 제형(캡슐, 정제, 과립, 액상 등)으로 개발되며, 여기에는 안정성, 생체이용률, 소비자 기호성 등이 함께 고려된다. 예를 들어 지용성 성분은 마이크로에멀션 또는 리포좀화하여 흡수율을 개선하는 기술이 사용되기도 한다. 제조 공정은 HACCP 및 건강기능식품 GMP 기준을 충족해야 하며, 제조공정 SOP, 공정 밸리데이션, 보관 중 안정성시험(가속·실시간)이 수행된다.

5) 인체적용시험(Clinical Trial for Functional Food)

건강기능식품의 인체시험은 의약품 임상과 달리 '치료 효과'가 아닌 '건강기능 개선 효과'를 검증한다. 한국에서는 식약처가 정한 가이드라인에 따라 다음과 같은 절차로 수행된다.

① 시험 설계(Protocol Development)

- 대상자 선정 기준(포함·제외 기준) 및 시험군·대조군 설정(위약 포함)
- 1일 섭취량 및 기간 설정(보통 8~12주)
- FDA/ICH 수준의 통계 설계
- 1차 및 2차 평가변수 설정
  예: 면역기능이면 NK 세포 활성, 장 건강이면 배변 횟수·유익균 변화 등

② 기관 선정 및 IRB 승인

시험은 의료기관 또는 CRO에서 진행되며, 모든 절차는 기관생명윤리위원회(IRB)의 승인을 받아야 한다.

③ 피험자 모집 및 시험 수행

대상자에게 제품 또는 위약을 일정 기간 투여하고, 도중 이상반응 모니터링, 순응도 체크, 생화학 검사 등을 수행한다.

④ 통계 분석 및 결과 도출

시험 종료 후 통계적 유의성을 분석하며, 부작용 발생률 기록도 포함된다. 기능성 평가에서 $p<0.05$의 통계적 유의성을 확보하는 것이 일반적이다.

6) 개별인정형 원료 인정 또는 품목 신고

건강기능식품은 원료 유형에 따라 두 가지로 구분된다.

① 고시형 원료

이미 식약처가 기능성과 1일 섭취량 기준을 규정한 원료

→ 기업은 별도 인정 없이 품목신고만 하면 된다.

② 개별인정형 원료(개별인정형 획득까지는 보통 1.5~3년 정도가 소요된다.)

고시에 없는 신규 원료는 기업이 직접 기능성·안전성 자료를 제출하여 식약처의 심사를 받아야 한다.

제출 문서는 다음을 포함한다.

→ 원료 제조방법 및 표준화 자료

→ 성분 분석 및 지표물질 설정

→ 독성시험 자료

→ 인체적용시험 결과

→ 기능성 기전 연구자료

7) 제조 및 품질관리(GMP)

인증 또는 신고 후 제품을 생산하는 과정은 건강기능식품 GMP 기준을 따라야 한다.

주요 관리 요소는 다음과 같다.

- 원료 입고·보관 관리
- 제조공정 검증
- 이화학적·미생물적 품질 시험
- 포장 및 라벨링 관리
- 유통기한 설정 및 안정성 시험

8) 전체 개발 기간 및 비용

고시형 제품은 6~12개월 안에 개발이 가능하지만, 개별인정형 원료 기반의 건강기능식품은 소재 탐색부터 인체적용시험, 인허가까지 약 3~5년이 소요될 수 있다. 비용도 인체적용시험 1건에 수억 원, 전체 개발비는 수십억 원 규모에 이른다.

II

기능성 건강기능 소재

1. 항산화에 도움
2. 체지방 감소
3. 장 건강
4. 피부 개선
5. 혈당 조절
6. 갱년기 여성 건강
7. 근력 개선
8. 수면질 개선
9. 인지기능 및 기억력 개선
10. 피로 개선

II 기능성 건강기능 소재

식품의약품안전처에서 발간한 “건강기능식품 기능성 평가 가이드” 및 국가연구사업 보고서를 참고하여 작성하였다.

1. 항산화에 도움

인체의 항산화 작용은 생명 유지의 필수 조건으로, 활성산소종(ROS: Reactive Oxygen Species)로부터 세포를 보호하고 조직 기능을 유지하는 다층적 방어 시스템이다. 효소적·비효소적 항산화 요소들이 복합적으로 작용하여 생체분자의 산화를 억제하고, 노화 지연, 만성질환 예방, 면역 조절, 대사 항상성 유지에 결정적 역할을 한다. 항산화 균형이 무너지면 산화 스트레스가 증가해 다양한 질병이 촉발되므로, 영양·생활습관·대사관리 등을 통해 항산화 시스템을 최적화하는 것은 현대인의 건강 전략에서 매우 중요한 과제라 할 수 있다. 2025년 현재 “포도종자추출물, 피크노제놀-프랑스해안송껍질추출물, PME88메론추출물, 비즈왁스알코올, 복분자동결건조분말” 총 5개의 원료가 사용 인정되어 있다.

(1) 개요

항산화란 산화적 스트레스로부터 신체를 보호하는 것을 의미한다.

산화적 스트레스를 유발시키는 산화유발물질(oxidants)은 본래 영양소를 이용하여 에너지를 만드는 과정, 외부에서 침입한 박테리아나 바이러스를 파괴하는 면역반응 등과 같은 정상적인 대사과정에서 자연적으로 발생된다. 산화유발물질은 매우 불안정하여 필요 이상으로 생성 또는 축적될 경우 DNA 및 세포를 손상시키고 그 결과 노화와 만성질환을 유발하는 등 해로운 영향을 주지만 체내에는 산화유발물질을 제거해 주는 항산화 시스템(antioxidant system)이 존재하므로 크게 문제되지 않는다. 그러나 노화, 심리적·환경적 스트레스, 질병, 체내 대사의 불균형 등으로 산화유발물질의 생성과 제거 간에 균형이 깨지게 되면 산화적 스트레스(oxidative stress)라는 문제가 발생하게 된다. 따라서 삶의 질 향상과 수명 극대화를 위해서는 산화적 스트레스로부터 생체를 보호해 주는 항산화 시스템이 필요하게 된다.

(2) 산화적 스트레스의 개념

1) 활성산소종

산화적 스트레스를 유발시키는 대표적인 산화물질이 바로 활성산소종(Reactive Oxygen Species, ROS)이다. 본래 산소는 호흡을 통해 체내로 유입되어 영양소를 에너지로 전환시키는데 사용되는데, 이 과정에서 활성산소종이 생성된다. 이러한 활성산소종은 반응성이 매우 크기 때문에 주변의 세포나 조직을 공격하여 손상을 유발시킨다. 대표적인 활성산소종으로는 다음과 같은 종류가 있다.(표2-1)

<표 2-1 활성산소종의 종류>

활성산소종(ROS)			
Superoxide radical	$O_2^{-\bullet}$	Ozone	O_3
Hydroxyl radical	$^{\bullet}OH$	Singlet oxygen	$^1O_2$
Hydroperoxyl radical	$HO_2^{\bullet}$	Hypochlorous acid	HOCL
Alkoxyl radical	$LO^{\bullet}, RO^{\bullet}$	Hydrogen peroxide	H_2O_2
Peroxyl radical	$LO_2^{\bullet}, RO_2^{\bullet}$		

2) 산화적 스트레스에 의한 손상

인체가 생명을 유지하고 살아가는 과정 자체가 영양소의 산화, 즉 연료를 태워 에너지를 내는 과정이므로 신체 각 조직과 세포는 끊임없이 산소를 사용하고 이로 인한 활성산소가 발생한다. 이와 같이 활성산소가 생성되는 것이 생명체를 유지하는 데 필수불가결한 과정이지만 활성산소의 생성속도와 제거속도 간의 균형이 깨지는 경우 산화적 스트레스가 발생한다.

산화적 스트레스에 의해 공격받은 세포는 기능을 잃거나 변질되기도 하는데, 세포가 기능을 잃어버린다는 것은 우리 몸의 기능을 유지할 수 없다는 것을 의미한다. 활성산소가 체내 방어기전에 의해서 제거되지 못할 경우 생체분자들과 빠르게 반응하여 단백질의 변성이나 생체막 지질의 과산화, DNA 손상, 효소 불활성화 등을 일으키며 세포 내로 확산되거나 혈류를 통해 이동된 지질과산화물은 새로운 활성산소 생성을 촉진시켜 암, 심장질환, 류마티스성 관절염, 염증반응, 노화 등의 진행과정을 촉진하게 된다. 예를 들어 과잉의 활성산소는 체내 지질과 반응하여 과산화지질을 생성하고 과산화지질은 혈관에서 혈전과 색전을 생성하는 작용을 하고, 혈관을 돌아다니며 혈관을 파괴하고 말단세포로의 혈액을 차단하여 혈액순환 장애를 일으킨다. 이러한 손상이 뇌에서 발생하면 뇌졸중이나 뇌출혈, 뇌혈전을 유발하고, 심장에서 발생하면 심근경색, 동맥에서 발생하면 동맥경화를 일으키게 된다. 한편, 피부에서는 활성산소로 생성된 과산화지질이 피부각층과 수분보호막을 파괴하여 표면의 피부를 변성시키게 된다.

(3) 주요 작용 기전

우리 몸은 지속적으로 발생하는 활성산소를 제거하거나 손상된 세포를 치유할 수 있는 항산화 체계를 갖추고 있다. 그 중 하나는 항산화 효소계로서, 슈퍼옥사이드 디스뮤타아제(SOD, Superoxide Dismutase), 카탈라아제(Catalase), 글루타티온 퍼옥시다아제(GPx, glutathione peroxidase), 글루타티온 환원효소(GR, glutathione reductase), 글루타티온 S-전이효소(GST, glutathione S-transferase)와 같은 것이 있다. 다른 하나는 비효소적 시스템으로 식이를 통하여 공급되는 비타민 A, C, E 등과 같은 항산화 비타민과 효소의 구성성분인 여러 가지 항산화 무기질 등이 이에 속한다. 이들은 우리 몸에서 생성된 활성산소를 공격성이 없는 물질로 전환시키거나 활성산소와 결합하여 활성산소를 제거하는 역할을 한다.(그림2-1)

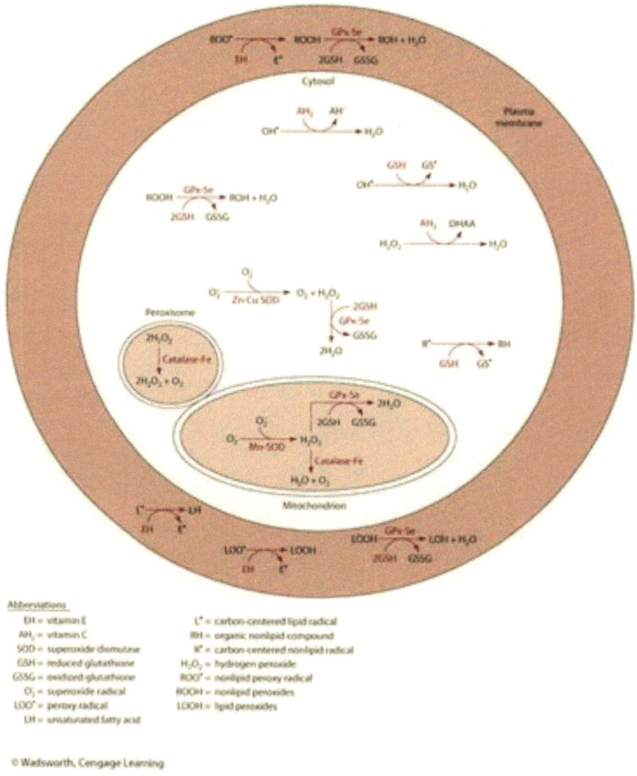

그림 2-1 항산화 시스템 (출처 : Advanced Nutrition and Human Metabolism(5/E), WADSWORTH)

1) 효소적 항산화 시스템

인체 내의 정상적인 대사 과정 중에 완전히 소비되지 않은 전자들은 독성이 강한 superoxide radical을 발생시킨다. 이때 체내에 존재하는 항산화 효소들은 이러한 superoxide radical($O_2^{\bullet}$-)을 hydrogen peroxide(과산화수소, H_2O_2)로 변환시키고, 생성된 H_2O_2를 다시 물(H_2O)로 분해함으로써hydroxyl radical 형성을 막아 유해한 활성산소를 제거하여 세포를 보호하는 역할을 한다.

① Superoxide Dismutase(SOD)

SOD는 superoxide radical($O_2^{\bullet}$-)로부터 H_2O_2와 O_2형성을 촉매하는 효소로 활성산소에 의한 세포 손상에 대응하는 첫 번째 방어 라인을 구성한다.

$$[2O_2^{\bullet}- + 2H^+ \rightarrow H_2O_2 + O_2]$$

② Catalase

Catalase는 H_2O_2를 사용하여 다른 물질을 산화함으로써 세포 내에서의 H_2O_2 축적을 방지하도록 도와준다.

$$[2H_2O_2 \rightarrow 2H_2O + O_2]$$

③ Glutathione peroxidase(GPx)

GPx는 과산화수소를 환원시켜 물을 만드는 반응을 촉매함으로써 세포 내에서의 H_2O_2의 축적을 방지하도록 도와준다.

$$[H_2O_2 + 2GSH \rightarrow GSSG + 2H_2O]$$

또한 지질과산화물 등의 유기 과산화물(organic peroxide)을 알코올(ROH)로 전환시킨다.

$$[2GSH + ROOH \rightarrow GSSG + ROH + H_2O]$$

④ Glutathione reductase(GR)

항산화 물질인 glultathione은 환원형 glutathione(GSH)과 산화형 glutathione(GSSG)으로 존재하는데, 체내 환원형 glutathione 수준이 높을 때 항산화 작용이 원활히 수행될 수 있다. GR은 산화형 glutathinone을 환원형 glutathione으로 변환시키는 반응을 촉매함으로써 glutathione의 항산화 작용을 간접적으로 돕는다.

$$[GSSG + NADPH + H^+ \rightarrow 2GSH + NADP]$$

⑤ Glutathione S-treanferase (GST)

전자친화성 기질을 glutathione에 결합시키는 반응을 촉매한다.

2) 비효소적 항산화 시스템

활성산소 중 hydroxyl radical과 singlet oxygen은 효소계의 작용을 받지 않고 중화되거나 제거될 수 있다. 비효소적 항산화물질 중 glutathione(GSH)은 H_2O_2와 과산화유기물을 무독화시킨다.

비타민 E(토코페롤)는 천연에는 α-, β-, γ-, δ-토코페롤과 α-, β-, γ-, δ-토코트리에놀의 8종이 존재한다. 이 중 항산화력이 가장 큰 것이 α-토코페롤로 지질의 과산화를 막는다.

또한 비타민 C는 수용성으로 자유기와 직접적으로 반응하여 무독화시키고 비타민 E를 재생시키는 역할을 한다.

① Glutathione

Glutathione은 간에서 만들어지는 3개의 아미노산(glutamate, cysteine, glycine)이 결합된 펩타이드로 산화적 손상으로부터의 보호에 중추적인 역할을 하는 매우 강력한 항산화 물질이다. Glutathione은 친전자성 물질, 활성산소 및 과산화지질을 무독화하는 과정에 이용된다.

Glutathione은 GPx가 관여하는 항산화 대사 작용을 위해 필요한 전자를 내어주며, hydroxyl radical과 singlet oxygen을 제거하는 역할을 한다. 또한 지질 과산화(lipid peroxidation)의 환원에 관여하는데, 이는 glutathione이 여러 활성증가물질과 결합(conjugation)을 이루어 GST와 같은 효소의 작용으로 소변으로 배설하도록 함으로써 체내의 독성물질들을 제거한다.

② Vitamine E

비타민 E는 활성산소에 의한 세포손상에 대해 이차적인 방어기전에 주요한 역할을 한다. 세포막에서 활성산소에 의한 연쇄반응을 끊어 주어 지질 과산화를 막을 수 있는 유일한 천연의 생리적 지용성 항산화제이다. 비타민 E의 생리활성은 tocopherol과 tocotrienol이 가지고 있으며 특히 α-tocopherol이 중요한 항산화제이다.

③ Vitamine C

비타민 C(ascorbic acid, ascorbate)의 항산화 기능은 비타민 C가 단일 전자를 활성산소에 주는 기능으로 인해 나타난다. 비타민 C는 superoxide radical과 peroxy radical 모두와 쉽게 반응하며, 특히 hydroxyl radical과 더 쉽게 반응하여 제거한다. 또한 singlet oxygen을 제거하고, α-tocopherol을 재생시킨다.

④ Carotenoids

Carotenoids는 일반적으로 식물계에 널리 존재하는 노랑, 주황, 빨간 색소물질이다.

특히 β-carotene은 세포막의 지질 과산화를 막고, LDL의 지질 산화를 막는 역할을 한다.

3) 항산화물질의 재생

항산화제는 항산화기능을 하면서 산화된 상태가 된다. 이렇게 산화된 항산화제를 원래 상태로 재생하는 것은 이후 다른 활성산소를 제거하는데 필수적이다. 항산화물질들은 상호의존적이면서 보완적으로 항산화 과정 중 산화된 항산화제를 재생시킨다. (그림2-2)

① Vitamin E 재생

비타민 E는 비타민 C와 CoQ_{10}, GSH에 의해서 재생된다.

② CoQ_{10}

비타민 E를 재생시키는데 사용된 CoQ_{10}은 리포산(lipoic acid)에 의해 재생된다.

③ Glutathione 재생

Glutathione reductase가 산화된 glutathione을 환원형으로 재생한다.

이 때 NADPH가 환원제로 작용한다. 리포산도 glutathione을 재생할 수 있는 것으로 알려져 있다.

④ Vitamin C 재생

비타민인 니아신(niacin), 리포산, glutathione은 비타민 C를 재생시킨다. 또한 비타민 C 끼리 반응하여 비타민 C가 재생되기도 한다.

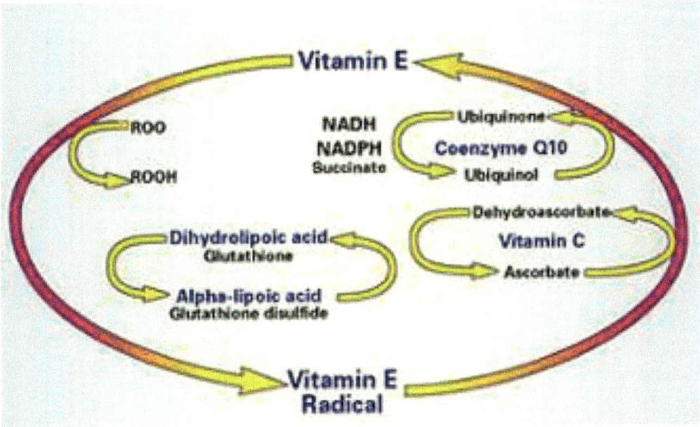

그림 2-2 항산화물질의 재생 과정

*출처 : Nutririon Review, (R)-Lipoic Acid, Unique 'Mitochondrial Antioxidant' Fights Premature Aging

(4) 항산화 기능성 확인을 위한 바이오마커 (표2-2)

<표 2-2 바이오마커>

기전		바이오 마커	측정 가능한 연구유형		
			In vitro	*In vivo*	*Human*
항산화 시스템	효소적 항산화 시스템 (항산화효소)	Superoxidedismutase 활성	O	O	O
		Glutathioneperoxidase 활성	O	O	O
		GlutathioneS-transferase 활성	O	O	O
		Glutathione reductase활성	O	O	O
		Catalase활성	O	O	O
	비효소적 항산화 시스템 (항산화물질)	Glutathione	O	O	O
		Ascorbic acid	O	O	O
		Carotenoids	O	O	O
		α-tocopherol	O	O	O
		Thiol group	O	O	O
	총 항산화능	Ferric reducingantioxidant power	O	O	O
		Total radical-trapping antioxidant parameter	O	O	O
		Oxygen radical absorbance capacity	O	O	O
		1,1-diphenyl-2picrylhydrazyl assay	O	O	O
		Total oxyradical scavenging capacity	O	O	O
활성산소 수준		Peroxyl radical	O	O	O
		Hydroxyl radical	O	O	O
		ROS 수준	O	O	O

산화에 의한 손상	DNA 손상	Commet assay	O	O	O
		8-oxo-2'-deoxyguanosine	O	O	O
		5-hydroxymethyl-deoxyuridine	O	O	O
	지질 과산화물	Malondialdehyde	O	O	O
		Cholesteryl ester hydroperoxides	O	O	O
		8-Isoprostaglandin-F2α	O	O	O
		Conjugated diene	O	O	O
		Hexanal	O	O	O
		Fluorescent products of lipid peroxidation	O	O	O
	단백질 과산화물	산화형 Thiol group	O	O	O
		Protein carbonyl	O	O	O

(5) 기능성 원료 개발 사례

1) 제목 : 포도함유 항산화성분의 생리활성 구명과 기능성 가공식품 개발(2004년)

2) 개요

포도의 주요 항산화 성분은 레스베라트롤과 안토시아닌이며, 이 외에도 플라보노이드, 카테킨, 토코페롤, 비타민 C, 루테인 등이 포함되어 있습니다. 이러한 성분들은 주로 포도 껍질과 씨에 풍부하며, 강력한 항산화 작용으로 노화 방지, 2-2'-Azobis(2-amidinopropane) dihydrochloride, 즉 AAPH는 수용성의 azo화합물의 일종으로서 열분해에 의해 자유기를 생성시키는 것으로 알려져 있다. AAPH가 산소분자와 반응하여 생성한 탄소 자유기(carbon radical)가 또다시 과산화 자유기(peroxyl radical)를 생성하여 여러 형태의 생물학적 분자와 결합반응을 일으켜 생체막에 손상을 준다. 포도에는 resveratrol, catechin, epicatechin 및 oligomeric proanthocyanidins과 같은 항산화물질이 다양하게 함유되어 있는데, 이중 resveratrol은 과피속에 주로 존재하는 반면, proanthocyanidin은 포도씨 속에 존재한다.

3) 항산화 활성 측정

① 총 페놀함량 측정

총 페놀함량 측정은 AOAC의 Folin-Denis법을 일부 변형하여 비색정량하였다. 시료에 2% Na_2CO_3를 넣고 2분간 실온에 정치한 뒤 50% Folin ciocalteu's(2 N) 시약을 가하고 혼합하여 실온에서 30분 정치한 후 750 nm에서 흡광도를 측정하였다.

Catechin을 0-1.0 mg/ml의 농도로 조제하여 표준곡선을 작성하여 계산하였다.(그림 2-3)

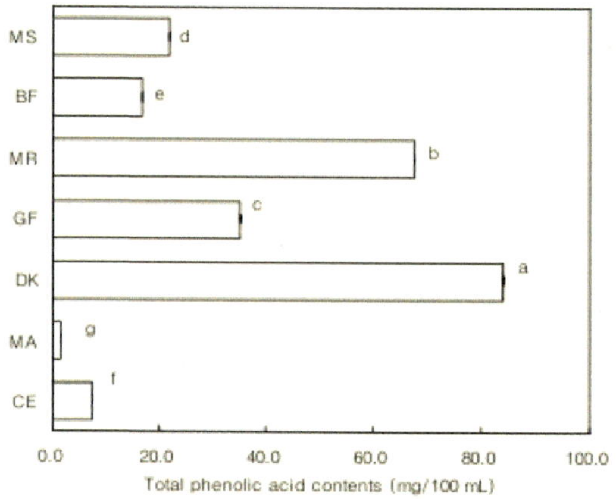

그림 2-3 총 페놀 성분 함량

② 총 플라반 함량 측정

4%의 vanillin에 추출물과 HCl 을 가하여 실온에서 15분 동안 반응시킨 후 500 nm에서 측정하였으며, 표준곡선은 catechin을 0-1.0 mg/mL 농도로 조제하여 검량하였다. (그림2-4)

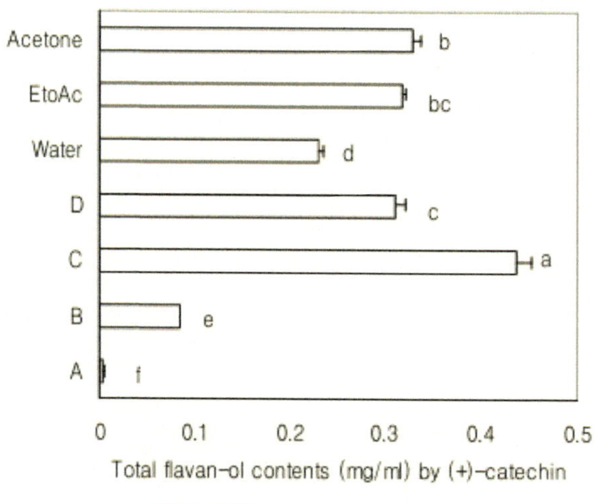

그림 2-4 총 플라반 성분 함량

③ 전자공여능(Electron donating activity) 측정

추출물에 DPPH 용액을 가하여 잘 섞은 후 517 nm에서 20분간 흡광도의 변화를 측정하여 다음과 같이 계산하여 나타내었다. (그림2-5)

EDA (%) = 100 - (A / B × 100)

A : 시료 첨가군의 흡광도

B : 시료 무첨가군의 흡광도

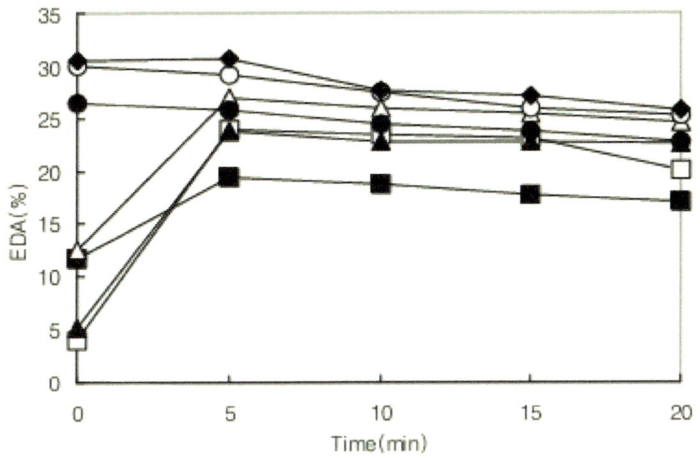

그림 2-5 전자공여능 측정

④ Hydroxyl radical 소거활성 측정

시험관에 0.1 mM $FeSO_4$/EDTA 용액, 10 mM 2-deoxyribose, 시료액, 0.1 M phosphate buffer(pH 7.4), 10 mM H_2O_2를 혼합하여, 37℃ 수욕조에서 2시간 동안 반응시켰다. 반응 후 20% TCA, 0.67%의 TBA를 가하여 100℃에서 15분 가열시킨 후 급속히 냉각하고 532 nm에서 흡광도를 측정하였다.(그림2-6)

Hydroxyl radical scavenging activity = (A- B) / A × 100

A : 시료 무 첨가군의 흡광도

B : 시료 첨가군의 흡광도

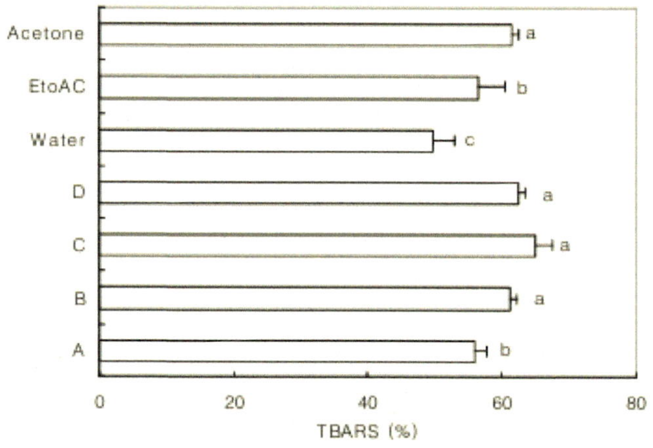

그림 2-6 Hydroxyl radical 소거활성 측정

⑤ Peroxyl radical 저해활성 측정

시험관에 혈청, 10μM AAPH(2-2'-Azobis Dihydrochloride), 시료 및 PBS를 가하고, 37℃의 수욕조에서 2시간 동안 반응시킨 뒤, 20% TCA와 0.67%의 TBA를 가하여 100℃에서 15분 가열시킨 후 급속히 냉각하고 532 nm에서 흡광도를 측정하였다. (그림2-7)

AAPH oxidase scavenging activity (%) = (A- B) / A × 100

A : 시료 무 첨가군의 흡광도

B : 시료 첨가군의 흡광도

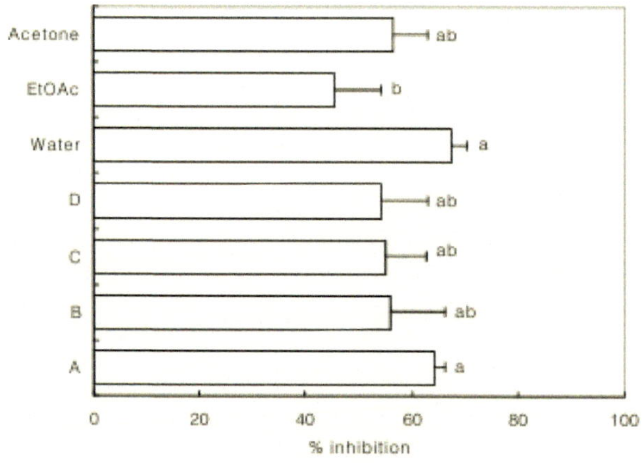

그림 2-7 Peroxyl radical 저해활성 측정

4) 최종 개발 제품 사진

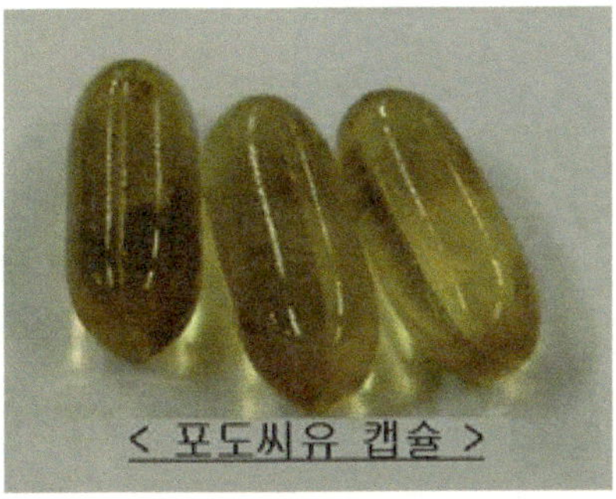

그림 2-8 최종 개발 제품

2. 체지방 감소

체지방(Body fat)은 에너지 저장의 핵심 요소로서 인간 생존에 필수적인 구성 성분이다. 그러나 과도한 체지방 축적, 특히 내장지방의 증가는 대사적 항상성을 파괴하고, 만성 질환의 발병 위험을 비약적으로 증가시키는 핵심 병태생리적 인자로 작용한다. 현대 사회의 식습관 변화, 좌식 생활 증가, 스트레스와 수면 부족 등은 지방 축적을 가속화하고 있으며, 이에 따라 체지방 감소의 의학적 중요성은 더욱 부각되고 있다. 2025년 현재 "식물성유지 디글리세라이드, 보이차추출물, 레몬 밤 추출물 혼합분말, 대두배아추출물등복합물, 그린마테추출물, 락토페린(우유정제단백질), 미역등복합추출물(잔티젠), 중쇄지방산(MCFA)함유 유지, 콜레우스포스콜리추출물, 깻잎추출물(PF501), *Lactobacillus gasseri* BNR17, 서목태(쥐눈이콩) 펩타이드 복합물, 발효식초석류복합물, 와일드망고 종자추출물(IGOB131), 그린커피빈추출물, 풋사과추출물 애플페논(Applephenon), L-카르니틴 타르트레이트, 핑거루트추출분말, 핑거루트추출분말(판두라틴), 돌외잎주정추출분말, 히비스커스등복합추출물, 그린커피빈주정추출물, 시서스추출물, *Lactobacillus* 복합물 HY7601+KY1032, 우뭇가사리추출물, 자몽추출물 등 복합물(Sinetrol), 해국추출물, 발효율피추출분말, 모로오렌지추출분말, 사삼 추출물, 레몬버베나추출물등복합물, 산수유추출복합물, 양춘사추출물, 옥수수수염·레몬밤추출복합물, 다이크로스타키스 글로메라타 추출물, 크릴오일, 와사비잎추출물, 풋사과추출물애플페논, 파비플로라생강뿌리추출물, 털부처꽃추출물, 블랙커민추출분말, 덖음귤피추출분말, 모로오렌지추출분말, 오미자박추출물, *Lactiplantibacillus plantarum* LMT1-48 프로바이오틱스, 해바라기종차추출물, 살라시아레티큘라타추출물, 백출양춘사추출복합물, 홍어껍질콜라겐펩타이드, *Lactiplantibacillus plantarum* ATG-K2 프로바이오틱스, 마르멜로추출물" 등 총 51개 원료가 사용 인정되었다.

(1) 체지방의 정의 및 대사

1) 정의

우리의 몸은 수분, 지방, 단백질과 소량의 당질로 구성되어 있다. 체내에 존재하는 지방, 즉 체지방(body fat)은 식품을 통해 섭취되거나 간과 같은 체내 조직에서 합성된다. 지방은 신체의 주요한 구성성분이며, 체내에 에너지를 공급하고 체내 중요 물질의 전구체로 작용하는 등 체내에서 필수적인 기능을 하는 중요한 물질이다. 그러나 체지방이 필요 이상으로 체내에 축적되면 비만이 되고, 당뇨병, 심혈관계 질환과 같은 질병 발생을 높이는 위험인자로 작용할 수 있다고 알려져 있다. 체지방은 크게 피하지방(subcutaneous fat)과 내장지방(visceral fat)으로 구분할 수 있다. 피하지방은 피하조직에 저장되어 있는 지방을 말하며 내장지방은 복강 안쪽의 내장 사이에 저장되어 있는 지방을 말한다. 또한 복부지방(abdominal fat)은 복부의 내장지방과 피하지방을 총칭하는 것이다.

2) 식이지방의 소화와 흡수

지방의 소화·흡수는 주로 소장에서 이루어진다. 식품에 함유된 지방은 대부분 중성지방(triglyceride)이며 인지질과 스테롤이 혼합되어 있다. 지방은 물에 녹지 않기 때문에 소화기관에서 소화되려면 유화과정을 거쳐야 하며, 지방의 소화·흡수 과정은 다음과 같다. (그림2-9)

담즙산염(bile salts)은 간에서 콜레스테롤로부터 합성된 후 담낭에 저장되어 있다가 소장으로 분비되어 식이지방을 유화시켜 미셀(micelle)을 형성하게 함

↓

췌장에서 소장으로 분비되는 지방가수분해효소(lipase)는 중성지방을 지방산과 글리세롤로 분해함

↓

지방산과 다른 분해 생성물들은 장점막세포에서 흡수되어 다시 중성지방, 인지질로 합성됨

↓

식이로 섭취된 중성지방, 인지질, 콜레스테롤은 아포단백질(apolipoprotein)과 함께 지단백질인 킬로미크론(chylomicron)을 형성함

↓

킬로미크론은 림프관을 따라 운반되고 결국은 혈액을 통해 조직으로 운반됨

↓

근육이나 지방조직의 모세혈관에 있는 지단백질 분해효소(lipoprotein lipase)는 킬로미크론내 중성지방을 지방산과 글리세롤로 유리시킴

↓

지방산은 근육조직 및 지방조직 등으로 유입됨

↓

지방산은 근육조직에서 에너지로 사용되거나 지방조직에서 다시 에스테르화되어 중성지방으로 전환되어 저장됨

그림 2-9 지방의 소화·흡수 과정

3) 체지방 합성

체내 에너지가 충분한 경우에는 체내에서 중성지방이 합성되어 지방조직에 축적된다. 체내 중성지방 합성은 지방산 합성 과정과 중성지방 합성 과정을 거쳐 일어난다. 지방산 합성은 주로 간의 세포질에서 아세틸 CoA(acetyl CoA)로부터 일어난다. 미토콘드리아에서 생성된 아세틸 CoA는 지방산 합성이 일어나는 세포질로 이동하지 못하기 때문에 옥살로아세트산(oxaloacetate)과 결합하여 구연산염(citrate)을 형성하여 구연산염형태로 세포질로 이동한다. 세포질에서 구연산염은 옥살로아세트산과 아세틸 CoA로 분해된다.

아세틸 CoA는 아세틸 CoA 카르복실라아제(acetyl CoA carboxylase, ACC)의 작용에 의하여 말로닐 CoA(malonyl CoA)로 전환되고, 지방산합성효소복합체(fatty acid synthase complex) 작용에 의해 지방산을 합성한다. 식이로부터 섭취한 지방산이나 세포내에서 생성된 지방산은 fatty acyl CoA를 형성한 후 글리세롤과 결합하여 중성지방을 합성한다.(그림 2-10)

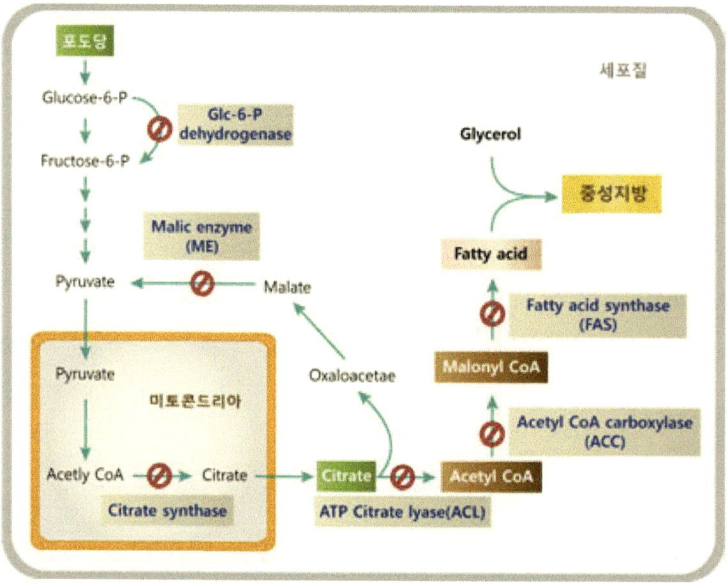

그림 2-10 중성지방 합성과정과 주요 효소

4) 체지방 분해

지방조직에 저장된 중성지방은 신체 내 에너지가 부족한 경우 에너지를 발생하는 대사 과정을 거쳐 신체 내 에너지를 공급한다. 이를 위해 중성지방은 먼저, 세포질에서 지방산과 글리세롤로 분해된다(lipolysis)(그림2-11). 분해된 지방산은 미토콘드리아로 이동하여 베타 산화과정(β-산화)을 거쳐 아세틸 CoA를 생성한다. 아세틸 CoA는 시트르산회로(citric acid cycle)로 들어가 최종적으로 에너지를 발생하게 된다. 지방산이 β-산화과정으로 들어가려면 세포질에서 미토콘드리아로 이동해야 하는데, 이때 L-카르니틴(L-carnitine)은 지방산을 세포질에서 미토콘드리아로 운반해 주는 중요한 운반체 역할을 한다.

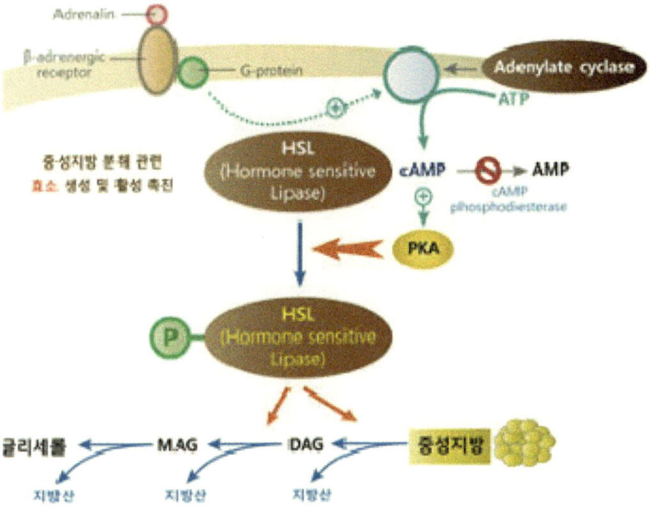

그림 2-11 중성지방 분해과정과 주요 효소

(2) 체지방 감소 기전

1) 지방 소화·흡수 억제 기전

소장에서 식이로부터 섭취되는 지방의 소화와 흡수를 억제함으로써 체내 지방 축적을 억제하는 기전이다. 소장에서 식이지방의 소화와 흡수 억제는 소장에서 중성지방을 분해하는 지방분해효소의 작용을 저해하든지, 섭취한 지방과 흡착하여 변으로의 식이지방 배설을 촉진시키는 작용을 통해 가능하다.

2) 체지방 합성 억제 기전

지방세포는 전구세포(preadipocyte)에서 지방세포로 분화되고, 지방세포에서 지방합성이 증가하면서 성숙된 지방세포로 변화되어 지방조직이 증가하므로 지방세포 분화(adipogenesis)와 지방세포 내 지방합성(lipogenesis)을 억제하면 체지방 축적 감소가 가능하다.

지방 전구세포를 지방세포로의 분화를 촉진하는 전사인자들(peroxisome proliferator-activated receptor gamma(PPARγ), CCAAT/enhancer binding protein alpha(C/EBPα), sterol-regulatory element binding protein(SREBP) 등)의 발현을 억제하면 지방세포로의 분화를 억제할 수 있다(그림2-12). 또한 체지방 합성에 관련된 효소들의 활성이나 발현을 억제하므로 체지방 합성을 억제할 수 있다.

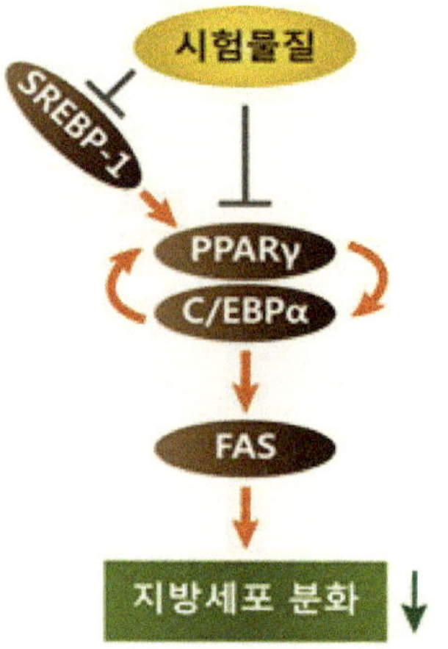

그림 2-12 시험물질에 의한 지방세포분화 억제 기전
*출처 : : J Nutr Sci Vitaminol (Tokyo) 58(6):393-401, 2012

3) 체지방 분해 촉진 기전

식이로부터 섭취된 지방이나 체내 축적된 체지방의 분해를 촉진하거나 베타 산화과정을 촉진시킴으로서 체지방을 축적을 억제하는 기전이다. 체내 지방의 산화를 조절하는 효소활성에 영향을 주어 체내 지방산화를 증가시키면 체내 지방 감소가 가능하다. 예를 들어 지방산은 산화되기 위해 세포질에서 미토콘트리아로 이동되어야 하는데, 이러한 이동을 도와주는 카르니틴 팔미토일 전이효소(carnitine palmitoyl transferase, CPT)의 활성을 증가시키면, 미토콘드리아 내에서의 β-산화가 촉진되고 체내 지방의 산화를 증가시킬 수 있다.

4) 열 생성 기전

열생산(thermogenesis)을 촉진하면 체지방이 감소 할 수 있다. Uncoupling protein (UCP)은 갈색지방(UCP1), 백색지방(UCP2), 근육세포(UCP3)에서 발견된다. UCP들은 해당 세포 내 미토콘드리아에서 지방산의 산화적 인산화 과정을 uncoupling함으로서 ATP 생성을 감소시키고 열을 발생시킨다. (그림 2-13)

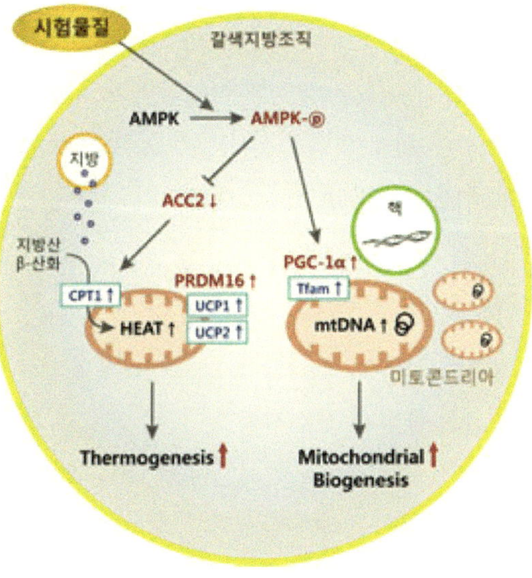

그림 2-13 시험물질에 의한 열 생성 증가 기전
*출처 : Food Nutr Res 61(1):1325307, 2017

(3) 체지방 조절에 관여하는 인자들

1) 렙틴과 렙틴 수용체

렙틴은 비만유전자로 알려져 있으며, 주로 지방세포에서 생성된다. 지방조직에 중성지방이 축적되면 렙틴 합성이 촉진된다. 체중에 미치는 렙틴의 효과는 음식섭취를 촉진시키는 neuropeptide Y(NPY)을 저해함으로써 즉, 식욕을 조절하는 뇌하수체에 미치는 영향을 통해서 중재되는 것으로 보인다. 혈액내 렙틴 농도와 체지방율 사이에는 강한 상관관계를 보였고, 이로 미루어 비만인은 렙틴 부족보다는 렙틴 수용체에 대하여 둔감한 것으로 보인다.

2) 인슐린

인슐린은 식후의 만복감을 주는 호르몬으로 작용하며, 인슐린 수용체와 결합하여 insulin receptor IRS/PI3K/Akt 신호체계를 통하여 지방세포분화와 지방합성에 영향을 준다. Insulin receptor substrate(IRS)는 phosphoinostide 3-kinas(PI3K)로 신호를 전달하고, Akt (protein kinase B)를 인산화 시킴으로 지방세포분화를 촉진한다.

3) 아디포넥틴

아디포넥틴은 지방조직에서 분비되는 호르몬으로 식욕억제 효과를 가진다. 그리고 아디포넥틴은 AMPK 활성과 PPARα 활성에 영향을 주어 체지방조절에 영향을 준다. 비만이 되면 혈액내 아디포넥틴양이 감소하며 체지방감소는 아디포넥틴 생산을 증가시킨다고 한다.

4) AMP-activated protein kinase alpha(AMPK-α)

AMPK-α의 활성화는 지방세포와 고지방식이를 섭취한 동물에서 지방세포분화를 촉진하는 전사인자인 PPARγ, C/EBP-α의 발현을 감소시키고, ACC 활성을 억제하여 아세틸-CoA가 말로닐-CoA가 되는 것을 억제하여 지방합성을 억제한다고 보고되었다. 그리고 AMPK-α는 PPARγ coactivator 1 alpha(PGC-1α)(미토콘드리아 활성과 thermogenesis 활성에 필수적임)와 상호관련을 가진다고 알려졌다. 그러므로 AMPK의 활성은 체지방 조절에서 중요한 역할을 한다.

(4) 체지방 감소의 의의

과도하게 축적된 체지방으로 인한 비만은 당뇨병, 심혈관계 질환과 특정 암의 발병위험을 증가시키는 주요 원인이 된다. 과도한 체지방을 감소시키면 혈압이 낮아지고 인슐린 저항성이 감소되며 혈중 지질이 개선된다. 또한 체지방이 감소되면, 혈전 생성이 감소되고 각종 염증 지표들이 낮아지는 등 건강에 도움을 주며 결국 사망률을 낮추는 효과가 있다.

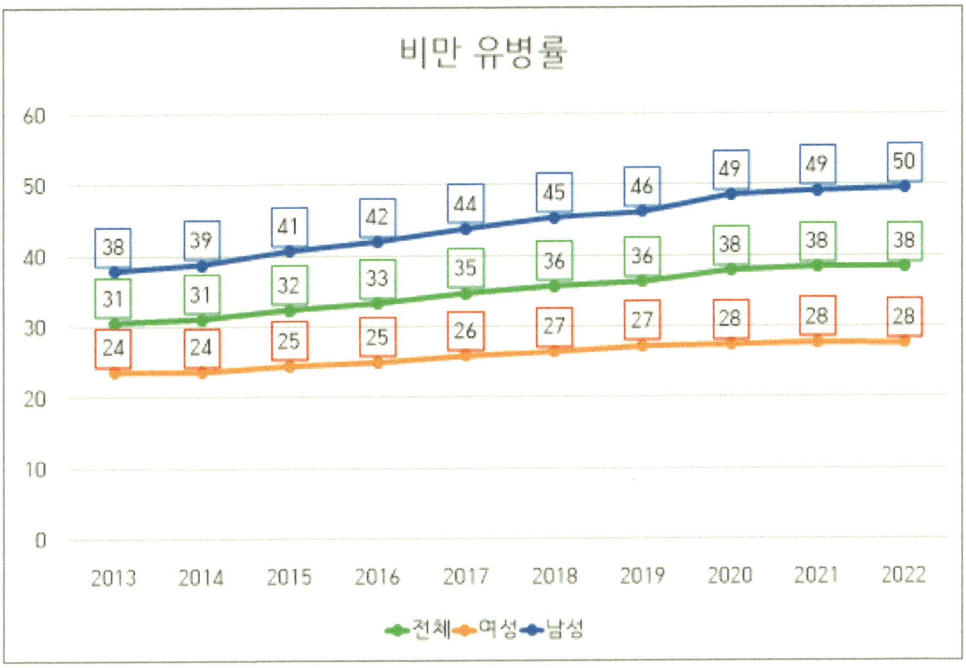

그림 2-14 국내 비만 유병률
출처 : 국민건강보험 비만병 팩트시트

(5) 바이오마커(표2-3)

구분	바이오마커	측정 가능한 연구유형		
		In vitro	*In vivo*	Human
체지방 수준	체지방량		O	O
	체지방율		O	O
	체지방면적		O	O
	피하지방두께		O	O
	체질량지수		O	O
	체중			O
	허리둘레			O
	허리-엉덩이 둘레 비율			O

지방 소화흡수 억제		췌장 리파아제 활성	O		
		중성지방 흡수율		O	
		Acylglycerol 대사산물		O	
		킬로미크론내 중성지방량		O	O
		변 지방량		O	O
체지방 합성 억제	지방 세포 분화	지방세포 증식	O	O	
		관련 유전자 발현(단백질, mRNA) - PPARγ - C/EBPα - SREBP - FABP4(aP2)	O	O	
	지방 합성	지방세포내 지방축적	O	O	
		지단백질 분해효소	O	O	O
		지방세포크기/수	O	O	O
		관련 효소(활성, 단백질, mRNA) - G6PD - ME - Citrate synthase - ACL - ACC - FAS SCD1 DGAT	O	O	
		말로닐 CoA 농도	O	O	
		지방생성율	O	O	

체지방 분해 촉진	지방 분해	중성지방분해물질	O	O	
		cAMP 농도	O	O	
		관련 효소(활성, 단백질, mRNA) - ACADs - ACO - HSL - AC - cAMP phosphodiesterase - ACL	O	O	
	지방 산화	지방산화율		O	
		지방대사물질		O	O
		PPARα	O	O	
		CPT	O	O	O
에너지 소비 촉진	에너지 대사	에너지소비량		O	O
		기초대사량		O	O
		호흡계수		O	O
	열생성	UCP	O	O	O
		PGC-1α	O	O	O
		기초체온변화		O	O
에너지대사 조절인자		렙틴	O	O	O
		인슐린	O	O	O
		아디포넥틴	O	O	O
		AMPK	O	O	

(6) 개발사례 요약

1) 제목 : 자몽발효추출물을 이용한 체지방 감소 기능성 식품 소재개발 및 응용제품화 (2021년)

2) 개요

현재 건강기능식품에서 인정된 자몽을 이용한 원료로는 체지방감소에 도움을 줄 수 있는 '자몽추출물 등 복합물'이 등재되어 있으며, 복합물 중의 자몽의 지표물질은 나린진으로 224.9mg/g으로 설정되어 있다.

자몽은 감귤류(citrus)에 속하는 과일로 포도와 비슷한 향이 있고 포도송이처럼 달다하여 그레이프프루트(grapefruit)'라고 하며 오렌지와 포멜로의 교배종으로, 서인도 자메이카에서 처음 발견되어 현재 우리가 사용하는 자몽은 포르투칼어인 잠보아(zamboa)를 일본에서 번역한 자봉에서 유래하였다. (그림 2-15)

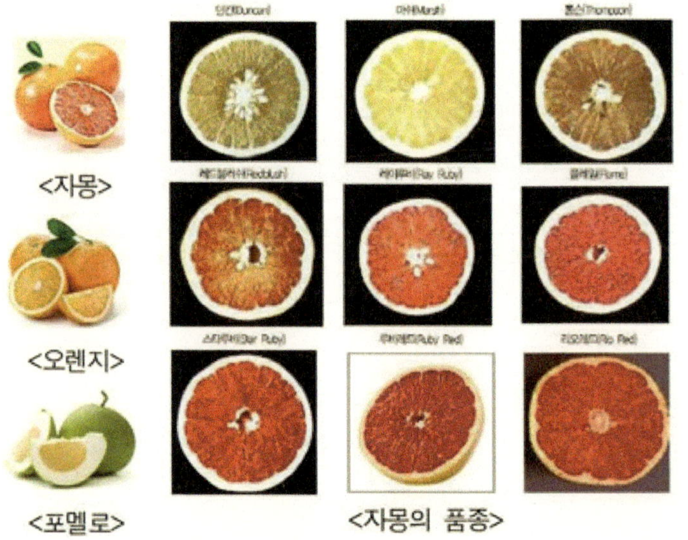

그림 2-15 자몽의 품종

*출처 : 세계 자몽산업의 동향, 농촌경제연구원, 세계농업 제 188호

크릴이란 지구상에서 가장 청정한 지역인 남극해에 서식하는 플랑크톤의 일종이다. 새우를 닮아 크릴새우로도 불리며 남극 해양생물 먹이사슬 가장 아래에 있는 크릴오일이 몸에 좋다는 입소문을 타면서 수요가 늘어나고 있다.

크릴오일의 특징 가운데 대표적인 것이 바로 1인지질1인데, 이는 친수성과 친유성을 동시에 가져 물과 기름에 잘 녹는 특징이 있으며 이로운 영양소들을 몸에 빠르게 흡수시켜주며, 이밖에도 막강한 항산화 능력을 가진 아스타잔틴을 포함하고 있어 피부 노화나 치매 등을 예 방할 뿐만 아니라, 행복 호르몬으로 불리는 세로토닌을 분비해 식욕을 억제해줘 성인병도 예방하고, 무울증 증상 완화에도 도움이 된다고 알려져 있다.

3) 제품 개발 모식도

그림 2-16 체지방 감소 기능성 소재 개발 모식도

4) 세부 개발 process

① 자몽 추출물 발효용 유산균주의 선발

- 유산균 600균주를 대상으로 자몽추출물 내성 균주를 선발한 결과, 최종적으로 김치 유래의 *Lactobacillus plantarum* KNUT 0118 균주와 *L. plantarum* KNUT 0385 균주가 선발되었고, 치즈 유래의 *L. plantarum* CJNU 0537 균주가 선발되었음(Fig. 1).

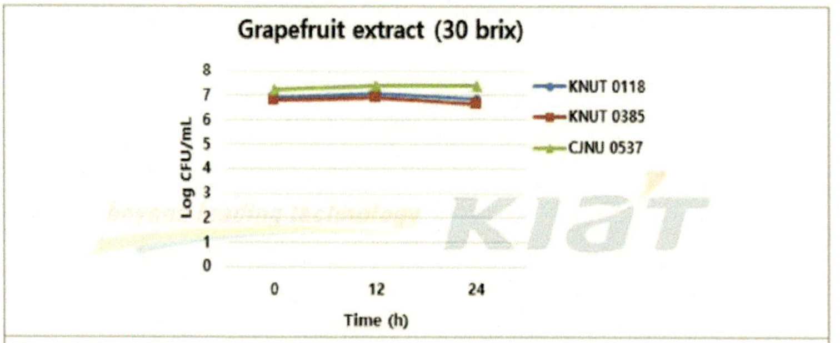

Fig. 1. Viable cell counts of selected lactic acid bacteria in grapefruit extract medium (30 brix).

그림 2-17 유산균주의 선발

② 선발 유산균주 발효 전후 대사산물 프로파일링

- 자몽추출물에 *L. plantarum* KNUT 0118 균주를 1% 접종하여 37℃에서 12시간 배양한 상등액에 대하여 HPLC를 활용한 전체적인 대사산물의 프로파일을 분석했을 때 발효 전·후 유의미한 피크(peak) 변화가 관찰되었음(Fig. 6). 이는 선발균주의 자몽추출물 발효과정에서 생물전환 및 대사산물의 생산이 일어났음을 알 수 있다. 또한, 항산화실험 결과 자몽 추출물은 37.87 AEAC(mg eq. AA/100mg)을 나타냈고, *L. plantarum* KNUT 0118 균주로 발효한 자몽 추출물은 42.21 AEAC로 나타나 자몽 추출물에 비해 항산화 활성이 우수함을 확인하였음(Fig. 7).

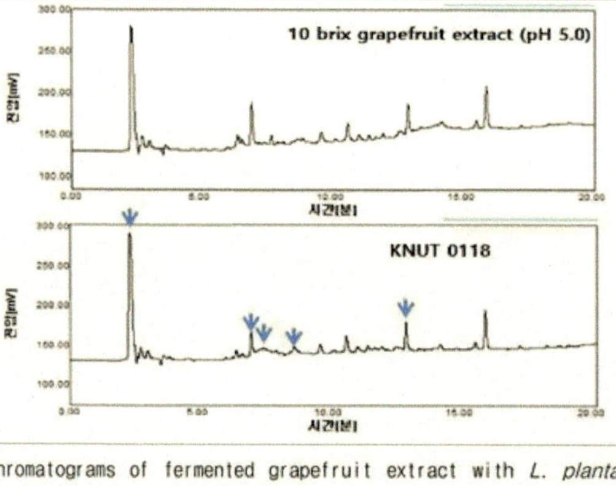

Fig. 6. HPLC chromatograms of fermented grapefruit extract with *L. plantarum* KNUT 0118 strain and the control.

그림 2-18 대사산물 프로파일링

③ 자몽발효추출물의 지방분화억제효능 분석

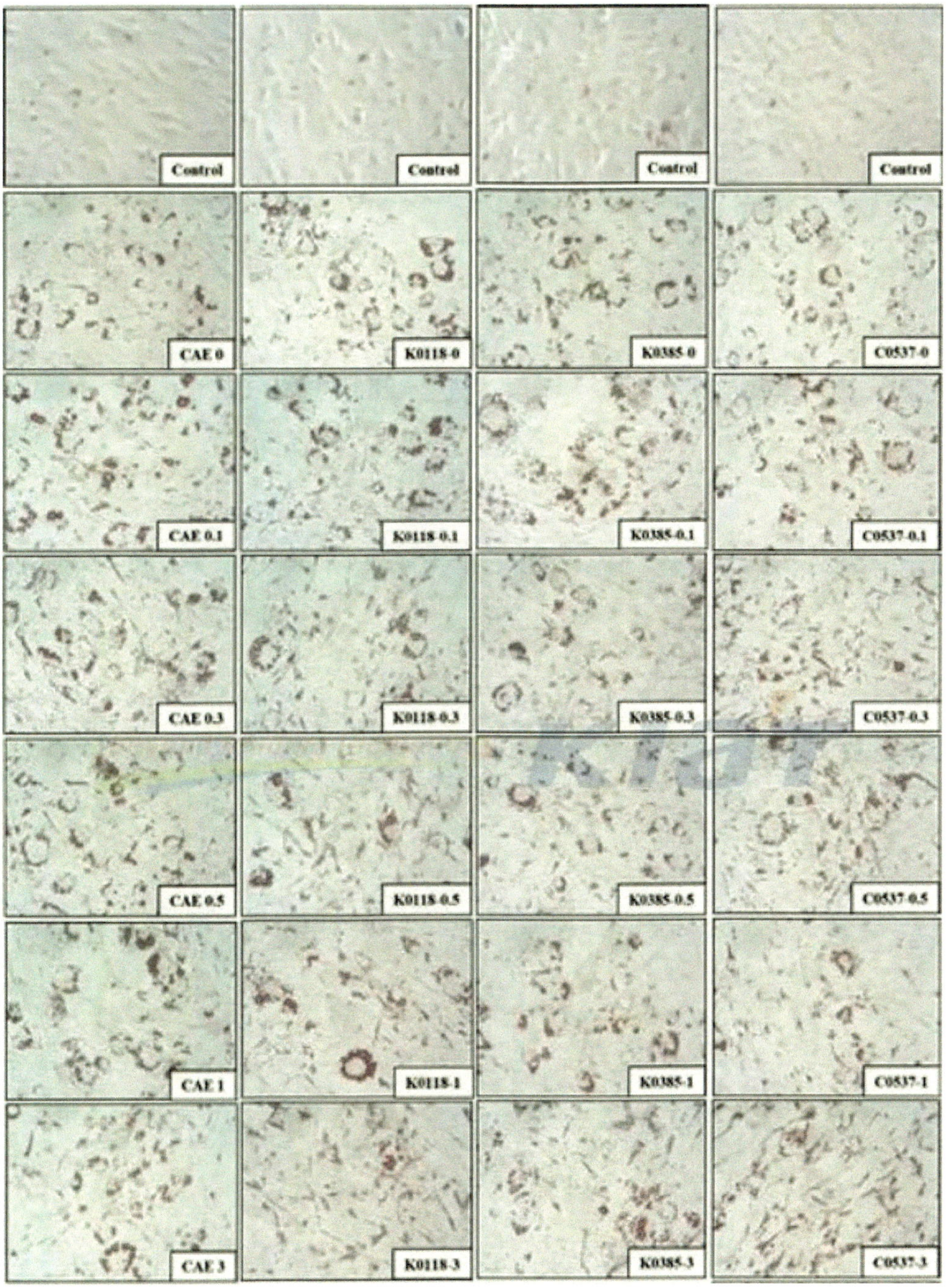

그림 2-19 지방분화억제효능 분석 사진

④ 완제품 제품 공정 수립

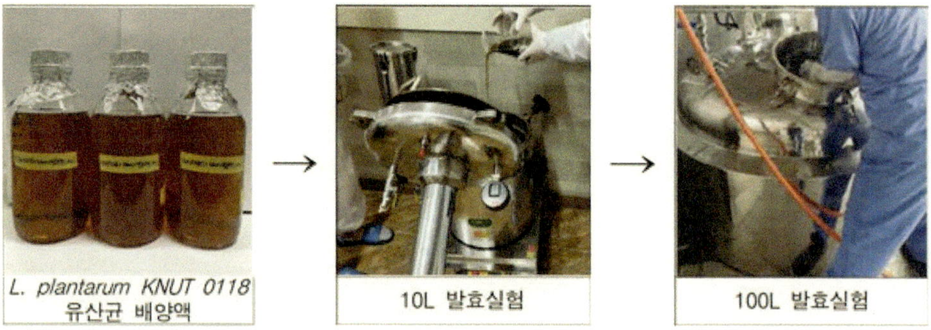

그림 2-20 *L. plantarum* KNUT 018 균주의 자몽발효추출물 배양액 제조 사진

그림 2-21 관능평가 시제품 제조사진(자몽발효추출물과 크릴오일 혼합물)

3. 장 건강

장(腸)은 단순한 소화기관을 넘어 인체 항상성 유지에 핵심적인 역할을 수행하는 다기능 기관이다. 최근 연구들은 장이 '제2의 뇌(second brain)'로 불릴 만큼 신경계, 면역계, 내분비계와 긴밀하게 상호작용하며 인간의 전신 건강을 결정하는 데 중요한 위치를 차지한다고 강조한다. 특히 장내 미생물군(gut microbiota)의 조성 변화가 비만, 대사질환, 면역질환, 신경정신질환 등 다양한 질환과 연관된다는 사실이 밝혀지면서 장 건강 관리의 중요성은 더욱 커지고 있다.

2025년 현재 "프로바이오틱스 드시모네이소, 말토올리고당, 대두올리고당, 커피만노올리고당분말, 락추로스파우더, 자일로올리고당, 밀전분유래난소화성말토덱스트린, 무화과페이스트, 쇠비름주정추출분말 (KDC16-2), 갈락토올리고당분말(Bimuno®GOS powder), *Bacillus coaqulans* Unique IS-2 프로바이오틱스, Bacillus coagulans SNZ 1969 프로바이오틱스, *Lacticaseibacillus paracasei* subsp. *paracasei* 327(K-1) 열처리배양건조물" 등 13개 원료가 사용 인정되었다.

(1) 개요

1) 대장의 구조와 기능

장(intestine)은 소화기계를 이루는 주요 장기 중 하나로 소장(small intestine)과 대장(large intestine)으로 구분된다. 소장은 십이지장(duodenum), 공장(jejunum), 회장(ileum)으로 구성되는데, 길이가 6-7 m로 소화관에서 가장 길며 다양한 소화효소 분비 및 활발한 장운동을 통해 다량 영양소인 탄수화물, 단백질, 지방과 미네랄, 비타민 등의 미량 영양소 및 수분 대부분이 소화, 흡수되는 곳이다. 대장은 회맹판(ileocecal valve, 회장에서 맹장으로 넘어가는 부위로 조임근의 역할 수행)을 경계로 소장과 구분되는데, 맹장(cecum), 충수(appendix), 결장(colon), 직장(rectum)으로 이루어져 있다. 대장은 소장에서 소화, 흡수되지 않은 음식물의 분해 및 배설을 주로 담당하며, 일부 전해질과 수용성 비타민이 흡수되는 곳이기도 하다.(그림 2-22)

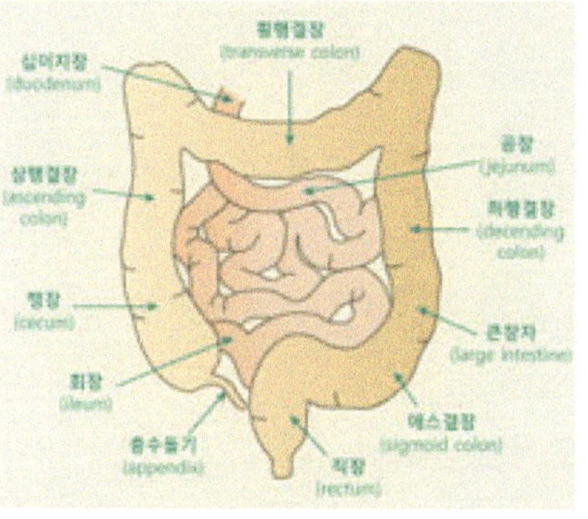

그림 2-22 장의 구조(출처: 국가정보포털)

① 기계적 소화와 영양소 흡수

대장은 소장에서 흡수되지 않은 음식 잔여물의 소화가 완료되는 곳이다. 대장의 소화운동은 매우 느리지만 분절운동이 약 30분마다 일어나 대장 내용물을 혼합해주는 역할을 한다. 결장에서는 소장의 연동운동과 유사한 수축운동이 일어남으로써 대장 마디 사이에 수축하지 않는 부분이 불룩하게 나와 염주 같은 모양을 띠게 된다.

대장점막에서는 알칼리성 점액이 분비되나 소화효소는 함유되어 있지 않아서 화학적 소화는 일어나지 않으며, 소장에서 소화, 흡수되지 않은 일부 비타민 및 미네랄, 수분이 흡수된다.

② 박테리아에 의한 발효

대장은 소화운동이 느리며, 소장에서 흡수되지 않고 대장으로 내려온 음식 잔여물이 남아 장내 미생물이 성장, 번식할 수 있는 배지 역할을 하므로 미생물의 성장과 번식에 매우 좋은 환경이라 할 수 있다. 따라서 대장에서 일어나는 주요한 생리반응에서 장내 미생물의 역할이 매우 중요하다. 장내 미생물이 음식 잔여물, 특히 소화되지 않은 다당류를 발효하는 과정에서 단쇄지방산(short-chain fatty acids)이 생성되는데 이는 장내 미생물 및 대장 상피세포(intestinal epithelial cell)의 주요 에너지원으로 사용된다. 그 외에도 소장에서 재흡수 되지 않은 담즙산은 대장 박테리아에 의해 대사되어 이차성 담즙산으로 전환되는데 이는 대장에서 다시 재흡수 되거나 변을 통해 배설된다. 장내 박테리아는 또한 암모니아와 요소(urea)로부터 아미노산을 합성하기도 하며, 비타민 K, 비오틴, 엽산, 판토텐산 등의 비타민을 합성하기도 한다.

③ 노폐물 배설

전해질과 수분이 흡수된 후 남은 노폐물들이 직장으로 이동되면 직장내압(rectal pressure)

이 증가되어, 항문 괄약근이 이완되고 배변이 일어난다. 직장내압이 특정 수준(30-40 mmHg)으로 상승되면 배변반사(defecation reflex)가 나타난다. 건강한 배변 활동을 위하여 장운동(motility)과 장 내 수분의 적절한 유지가 중요하며, 이들은 배변량, 변 내 수분함량, 음식물의 대장통과시간(intestinal transit time), 배변 횟수 등의 배변 습관을 결정하는 중요 요소라 할 수 있다.

④ 장 내 생체 방어(Gut defense)

장은 체내에서 표면적이 가장 넓은 기관으로(약 400 m^2) 외부로부터 유입된 물질들이 접촉되는 주요 장소이다. 장의 표면을 이루고 있는 점막에서는 음식물, 병원균 등 외부로부터 유입된 물질과 장내 미생물의 상호작용이 이루어지며, 다양한 외부 자극으로부터 우리 몸을 보호해주는 중요한 역할을 담당한다. 장 내 방어는 1차적으로 장관의 구조적 특성과 고유한 운동성에 의해 가능한데, 이때 관여하는 것이 장내 미생물(gut flora), 점막 장벽(mucosal barrier; intestinal epithelial cell barrier), 장 운동(intestinal motility)이다. 2차적으로는 세포성, 체액성 면역에 의한 방어기전이 작용하게 된다.

2) 장과 건강문제

① 장 운동

대변은 음식을 섭취하고 보통 24-72시간 후에 배설되는데, 결장 안에 대변이 오랜 시간 머물러 있는 증상을 변비(constipation)라고 한다. 개인차는 있으나 일반적으로 배변횟수로는 1주일 동안 세 번 미만 배변할 때를 변비라고 판정하지만, 이 외에도 다양한 증상을 나타낼 수 있다. 임상에서 가장 널리 사용되는 진단기준인 '로마기준 IV(Rome IV criteria)'는 다음과 같다. (표2-4)

<표 2-4. 기능성 변비의 로마 IV 진단 기준>

주관적 기준	1) 배변 시 과도하게 힘을 주는 경우가 배변 4회 중 1회 이상 2) 딱딱하고 덩어리진 변을 보는 경우가 배변 4회 중 1회 이상 3) 대변의 불완전 배출이 있다고 느끼는 경우가 배변 4회 중 1회 이상 4) 항문이나 직장의 폐쇄감을 느끼는 경우가 배변 4회 중 1회 이상 5) 배변을 용이하게 하기 위해 수조작이 필요한 경우가 배변 4회 중 1회 이상
객관적 기준	6) 배변 횟수가 1주일에 3번 미만인 경우
항목 중에서 2가지 이상을 만족하면서 묽은 변은 거의 없고, 과민성 장증후군의 진단 기준은 충족되지 않는 경우를 기능성 변비의 필요조건으로 정의	

변비는 소화관의 운동 기능이 저하되거나 수분 조절에 문제가 생겼을 때 발생한다. 소화관 운동 기능이 떨어지는 것은 장 내용물들의 이동시간(transit time)을 길어지게 만드는 작용을 한다. 결장에서는 두 가지 특징적인 운동이 일어나는데, 반복적인 비진행성(nonpropulsive) 수축과 고진폭 추진성 수축(high-amplitude propagated contractions;HAPCs)이 그것이다. 반복적인 비진행성 수축은 내용물을 섞고 흡수시키는 방식으로 변을 이동시키고, HAPCs는 상행결장으로부터 변을 가지고 와서 좌측 결장으로 내려보내는 일을 하는데, 변비일 때, 이 HAPCs의 횟수가 줄어든다.

결장의 기능은 수분을 흡수하고 남은 찌꺼기를 직장으로 이동시키는 것인데, 변 찌꺼기로부터 수분을 제거하는 것은 시간 의존적이고 능동적으로 조절된다. 체내 수분이 극도로 부족한 탈수 상태(dehydrated states)에서는 신세뇨관(renal tubule)에서 알도스테론(aldosterone)이 분비되어 나트륨과 수분의 재흡수를 자극함에 따라 나트륨은 몇 가지 능동수송 채널을 통해서 결장 안에 있는 내용물로부터 체내로 재흡수 되며, 이와 함께 수분도 수동적으로 삼투 기울기(osmotic gradients)에 의해 수동적으로 이동한다. 결장 속에 변이 오래 머물러 있게 되면 수분의 체내로의 재흡수가 증가되어 변은 점점 건조되고, 자갈 모양 변(pebble-like stools)을 만든다. 이 변이 더 커지고 딱딱해지면 항문관을 통과하기가 어려워진다. 배변이 원활하지 않은 사람의 경우 변 수분함량은 70 % 미만으로 알려져 있다.

만성변비(chronic constipation) 유병률은 성인의 경우 2-27%이며, 여성 대 남성의 비율은 2.2:1이라고 알려져 있다. 연령이 증가할수록 유병률이 증가하며, 특히 65세 이상 노인의 경우 더 높다. 노인의 경우 대장통과시간의 증가, 각종 질환(당뇨병, 파킨슨병과 같은 신경학적 문제 등) 발병 증가, 약물 복용 등이 주요 원인으로 제시되고 있다. 또한, 성별 차이에 대해서는 대장통과시간과 여성호르몬 등에 의한 것으로 설명되기도 하지만 아직 합일된 의견은 없다. 다만, 임신 말기에는 프로게스테론(progesterone)의 증가로 인해 음식물의 대장통과 시간이 길어지기 때문에 배변 장애가 흔하게 나타난다.

② 장관 면역 조절

A. 장 점막 장벽 손상 및 염증반응

장 내 점막 장벽은 장 내강(intestinal lumen)에 있는 세균이 점막층을 투과하여 상피세포로 이동되는 '장내 세균 전위(bacterial translocation)'를 차단한다. 생균이든 사균이든 점막을 투과하여 상피세포로 이동될 경우 면역 시스템이 빠르게 활성화된다. 장 점막 장벽이 손상되거나 기능적 이상이 있을 경우 상당수준의 생균(보통 그람 음성 호기성 균)이 장점막을 투과하여 림프(lymph)를 통해 체내로 유입되지만, 장간막에 존재하는 림프절(lymph node), 간, 비장, 폐는 모두 세균이 체내로 급속히 퍼지는 것을 차단해준다.

'장내 세균 전위(bacterial translocation)'는 장 상피세포의 투과성(permeability)에 의존적인데, 장 상피세포의 투과성에 영향을 주는 것이 바로 세포 사이에 존재하는 밀착연접(tight junction)이다. 소장에서 물질이 흡수되는 경로는 'paracellular pathway'와 'transcellular pathway'가 있는데, 'paracellular pathway'는 장 세포 간 틈새로 물질이 통과하는 것으로 분자량이 작은 물질은 이 방법으로 장벽을 통과한다(그림 2-23). 밀착연접은 장 세포 간 틈새를 조절함으로써 물질의 장관 투과에 영향을 줄 수 있다. 장내 자극이나 손상으로 인해 밀착연접이 느슨해지면 유해한 분자(병원균, 독소, 항원 등)들이 장 상피에 과량 투과되어 내독소혈증(endotoxemia)이 유발되고, 점막 면역 시스템 혼란과 염증반응이 유도되어, 궁극적으로 장 관련 또는 전신질환이 유발될 수도 있다. 외부로부터 유입한 다양한 종류의 세균이 장 내에 서식하게 되는데, 경우에 따라 병원성 세균이 상피세포와 상호작용을 하면서 밀착연접을 손상시킴으로써 비정상적인 전해질 및 수분 이동, 조직 염증 등을 일으킬 수도 있다. 이러한 손상은 직접 상피세포에 접착하거나 독소를 분비함으로써 이루어진다. 이렇게 밀착연접이 느슨해져 장의 투과성이 증가된 상태를 장누수증후군(leaky gut syndrome)이라 부르기도 한다.

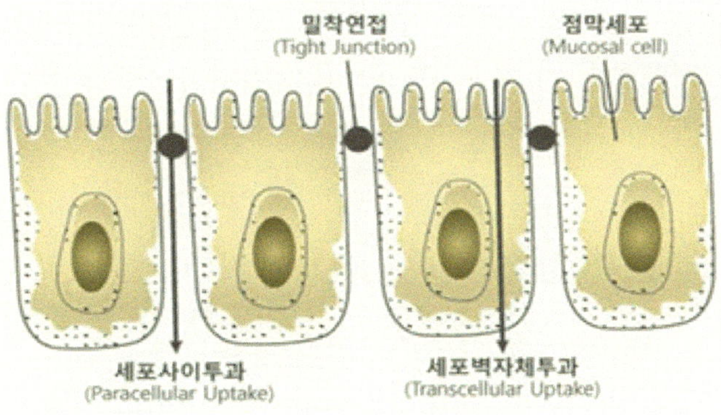

그림 2-23 Paracellular and transcellular pathway
[출처: J Speech Lang Hear Res, 2014, 57(5):1679-1691]

장누수증후군으로 인해 다량의 독소들과 항원들이 장 상피를 통과하여 혈중으로 유입되면 면역체계가 과다하게 감작되어, IL-13, TNF-α, IFN-γ와 같은 친염증성 사이토카인의 분비가 증가되는데, 이러한 현상과 체내 병리적 변화는 수술 후 패혈증(postoperative sepsis), 급성 중증 췌장염(acute severe pancreatitis), 진행된 간경변(advanced liver cirrhosis) 환자들에게서 명확히 관찰되고 있어 장관벽 손상이 여러 질환 발병과 상관성이 클 것으로 예측되고 있다.

여러 연구에서 식품 성분들이 밀착연접 조절에 영향을 주는 것으로 보고되고 있는데, 글루타민, 폴리페놀, 프로바이오틱스 등은 장벽 온전성(barrier integrity)을 보호하는 역할을 하는 것으로 알려져 있다. 반면 알코올 또는 그 대사물인 아세트알데하이드는 장벽에 손상을 주어 장누수증후군을 촉진하는 것으로 보고되고 있다.

과도한 염증반응은 주로 장내 미생물 불균형과 동반되어 나타나는데, 여러 연구에 따르면 건강한 사람은 자신의 장내 미생물에 대한 내성을 가지고 있지만, 염증성 장 질환(inflammatory bowel disease; IBD)이 있는 사람들은 내성이 저하되는 것으로 보고되고 있다. 장내 미생물은 장내 삼투압을 안정화시키고, 항원을 분해하는 것으로 알려져 있으며, IgA의 반응을 증진시키고, 친염증성 사이토카인과 항염증성 사이토카인 분비 간에 균형 조절을 중재함으로써 면역기능을 조절할 수 있는 것으로 제안되고 있다(그림 2-24).

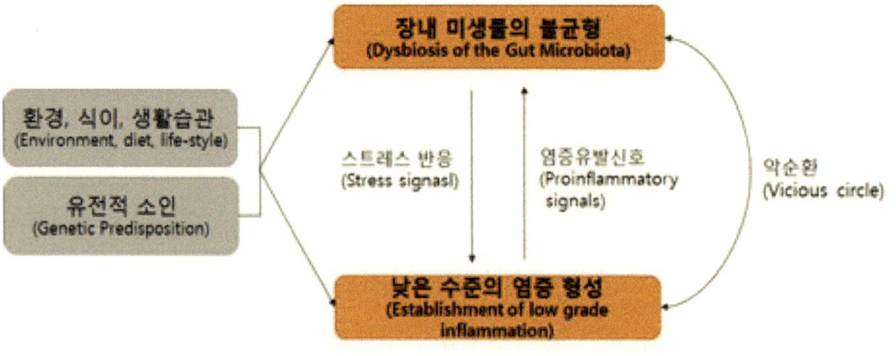

그림 2-24 장내 미생물 불균형과 만성적 염증반응
[출처: Ann NY Acad Sci, 2013, 1306(1):1-17]

③ 장내 미생물 불균형

A. 장내 미생물의 발달

소화기관에는 매우 많은 수의 미생물들이 정상 소화기능에 상당 부분 기여하며 공생관계로 살아간다. 인간의 소화기관은 태아기에 무균 상태로 존재하다가 분만 동안 미생물의 번식이 이루어진다. 미생물 접종원은 자연분만 또는 제왕절개환경에서 주로 모친의 질이나 분변 미생물군에서 유래된다. 초기에 우선적으로 Escherichia coli 또는 Streptococci가 옮겨온다. 영양요구가 많지 않은 이 미생물들이 나중에 장에서 절대 혐기성 미생물종들이 우세하게 생장할 수 있도록 장 내 환경을 바꾼다.

미생물의 성장은 주로 식이에서 기인한다. 모유수유를 받는 유아의 장내에서는 *Bifidobacteria*가 우위를 보이는데 이는 모유 속 당단백질들에 의존한 것으로 추측된다. 그에 반에 분유를 먹인 유아는 *Bacteroides, Clostridaia, Bifidobacteria, Lactobacilli, Gram positive cocci, Coliforms* 등과 같은 다양한 미생물들이 고르게 분포되어있어 성인과 비슷한 장내 미생물 조성을 가진다. 이러한 미생물들은 이유식을 하는 동안 발달하게 되어 2세경에 상당히 안정한 생태계를 이루게 된다.

B. 장내 미생물 분포

사람의 장 표면에는 다양한 미생물들이 군집을 이루고 있다. 십이지장(duodenum)은 장관 통과시간이 짧고 담즙 및 췌장액이 분비되는 등 미생물 서식이 어려운 환경을 가지고 있어 서식하는 미생물 수가 적다. 미생물의 수와 종류는 공장(jejunum)과 회장(ileum)에 이르러 점진적으로 증가하여 수는 공장에 10^6~10^7 CFU/g에 이르며 회장은 pH가 점점 높아짐에 따라 그람음성균과 절대혐기성균에 속하는 세균들이 서식한다.

대장(colon)은 체내에서 가장 큰 미생물 군집을 갖는데 대변을 현미경으로 관찰하면 습중량(wet weight) 1 g당 약 10^{12}마리의 미생물들이 관찰되며 400여종 이상의 세균들이 분리된다. 대장의 환경은 장관 통과시간이 길고 영양공급과 미생물에 유리한 pH를 가지고 있어 미생물의 생장에 유리하다. 대장에서 수적으로 우세한 미생물은 무포자 혐기성 세균으로 *Bacteroides* spp., *Bifidobacterium* spp., *Eubacterium* spp., *Clostridium* spp., *Lactobacillus* spp., *Fusobacterium* spp. 및 다양한 그람 양성 구균 등이다. 상대적으로 숫자가 적은 균에는 *Enterococcus* spp., *Enterobacteriaceae, Methanogens*와 황환원 세균 등이 있다. 대장 내 효모에는 기회감염성 병원체인 *Candida albicans*가 포함되는데 이는 건강한 개인의 분변에서 10^4 CFU/g을 넘지 않는다. 인체 세포의 90% 이상은 대장의 세균으로 분변 내 원핵세포 질량의 60% 이상이 대장에 유래된 것이다.

<표2-5. 사람 위장관에서의 미생물 분포>

기관명	미생물 수	미생물 종류
위(Stomach)	0-10^2	*Lactobacillus, Candida, Streptococcus, Helicobacter pylori, Peptostreptococcu*
십이지장(Duodenum)	10^2	*Streptococcus, Lactobacillus*
공장(Jejunum)	10^2	*Streptococcus, Lactobacillus*
근위부회장(Proximal ileum)	10^3	*Streptococcus, Lactobacillus*
원위부회장(Distal ileum)	10^7-10^8	*Clostridium, Streptococcus, Bacteroides, Actinomycinae, Corynebacteia*
결장(Colon)	10^{11}-10^{12}	*Bacteroides, Clostridium groups IV and X IV, Bifidobacterium, Enterobacteriaceae*

C. 유익균과 유해균

장내 미생물 무리는 장 연동운동 등의 물리적 작용으로 지속적으로 이동하고, 제거되며, 항상성 유지를 위해 분열 등을 통해서 지속적으로 대체된다. 정상적인 상태에서 장내 미생물은 자가조절(self-regulation)을 통해 미생물들 간에 또는 미생물과 숙주 사이에서 경쟁과 상리공생에 의해 일정한 상태를 유지하지만, 섭취하는 식이, 약물, 생균제품, 기후, 스트레스 등의 외부 요인과 세균 상호간의 관계에 의해 발생되는 내부요인에 의해 그 구성이 변화하여 장내 미생물 불균형이 초래될 수 있다.

Bifidobacteria, Lactobacilli 와 같은 균들은 상피세포나 점막세포에 대해서 병원균들과 접착 경쟁을 함으로써 병원균의 침입을 막기도 하지만 병원균의 활성을 저해할 수 있는 물질을 생산함으로써 병원균을 감소시키는 역할을 한다. *Bifidobacteria, Lactobacilli* 는 난소화성 당류를 분해해서 아세트산(acetic acid)과 젖산(lactic acid) 등 대사산물을 생성하고, 이를 통해 장 내 pH를 저하시킴으로써 산에 민감한 *E. coli, Clostridium perfringens* 와 같은 유해세균의 성장을 저해시킨다. 한편 *E. coli, C. perfringens*와 같은 유해균들은 내독소(endotoxin)를 생산하거나 유해 효소들을 생산함으로써 건강에 나쁜 영향을 주게 된다. 장내 미생물을 통해서 건강을 유지하기 위해서는 *Bifidobacteria, Lactobacilli* 등의 유익균을 증가시키고, 유해균을 감소시키는 것이 도움이 될 수 있다.

D. 장내 미생물 불균형에 영향을 주는 요인과 위험집단

장내 미생물 분포는 식이에 의해 크게 좌우되는데, 고단백식이의 경우 잠재적으로 유해한 세균 산물의 생산을 증가시킬 수 있다. 소화되지 않은 단백질은 장내 미생물에 의해 발효되어 잠재적으로 유해한 대사산물인 암모니아, 아민, 페놀, 황화물, 인돌 등을 만들어낸다. 전체적인 단백질이 많은 식이보다, 특히 동물성 단백질 함량이 높은 식이는 장내 미생물에 특히 더 영향을 주는데, β-glucuronidase, azoreductase, nitroreductase, 7-α-hydroxysteroid dehydroxylase 등의 특정 세균 효소를 증가시킨다. 이러한 효소들의 증가는 장에서 잠재적 독성이 있는 대사산물을 분비시키는 작용을 하는 것으로 보고되고 있다. 항생제 사용도 장내 미생물 불균형을 유발시키는 요인 중 하나로 장내 미생물 성장을 억제함으로써 단쇄지방산 생산에 영향을 주어 전해질 불균형과 설사를 유발한다. 또한, 장 내에 이미 서식하고 있던 곰팡이나 *Clostridium difficile*과 같은 유해한 미생물 성장을 촉진하고, 설사 및 독소 분비로 인한 장 손상을 유발시킬 수 있다. 그 외에도 여러 연구들에서 스트레스가 장내 미생물 균형에 중요한 변화를 유도하는 것으로 보고되고 있는데, 스트레스에 의해서 *Lactobacilli, Bifidobacteria*와 같은 유익균은 유의적으로 감소되고 E.coli와 같은 유해균은 증가된 것으로 나타났다. 이러한 변화는 노에피네프린(norepinephrine) 분비에 의해 그람 음성균의 성장이 증가되고, 스트레스로 인한 장관 운동성, 분비능 변화 때문인 것으로 추측되고 있다.

(2) 장 건강의 의의

장은 외부로부터 유입된 물질들이 접촉되는 주요 장소로서 장의 표면을 이루고 있는 점막에서는 음식물, 병원균 등 외부로부터 유입된 물질과 장내 미생물의 상호작용이 이루어지며, 다양한 외부 자극으로부터 우리 몸을 보호해주는 중요한 역할을 담당한다. 장 내 방어는 장관의 구조적 특성, 운동성, 세포성 및 체액성 면역에 의해 이루어진다. 이와 같이 장 고유의 기능인 음식물의 소화, 흡수, 분해, 배설의 기능뿐만 아니라, 장 내 유익균과 유해균 균형, 면역 기능을 포함하는 장 방어 기능이 적절하게 유지될 때 건강한 장이라고 할 수 있다. 배변장애는 국내 인구의 16.5%가 스스로 변비라고 인식하고 있으며, 변비 환자의 70%는 일상 업무에 방해를 받고 사회적 및 인간관계에 있어서 어려움을 느낀다고 생각할 정도로 삶의 질에 영향을 주는 중요한 증상이다. 과민대장증후군은 기능성 위장관 질환의 하나로 기질적 병변없이 복통, 복부불쾌감, 배변습관 변화 등을 가져오는 질환이다. 전 세계적으로 유병률은 9.5~25%이며, 남성(5~19%)보다 여성(14~24%)에서 발생빈도가 높다. 국내에는 소화기 증상으로 방문하는 환자의 28.7%가 과민성대장증후군으로 진단될 만큼 흔한 질환으로 심각한 질환은 아니지만, 개인의 능력이나 일상생활에 영향을 주어 삶의 질을 저하시킬 수 있어 관리가 필요하다.

식품으로 섭취하는 식이섬유 중 불용성 식이섬유는 체내 소화효소나 장 미생물에 의해 분해되지 않기 때문에 식이섬유 그 자체 또는 세포 구조 속에 물을 보유함으로써 변의 양을 늘리고, 변을 부드럽게 하여 배변 활동을 원활히 하는 데 도움을 줄 수 있다. 난소화성 당류는 소장에서 흡수되지 않고 대장에 도달한 후 유익균의 좋은 영양공급원이 되어 유익균의 성장을 촉진하고, 유해균의 성장을 방해함으로써 장내 환경을 개선하는 데 도움을 줄 수 있다. 비피더스균 등의 프로바이오틱스는 장에 유익균을 공급하고, 유익균은 유기산을 만들어 유해균 성장을 억제함으로써 장 건강에 도움을 주며, 이들 유익균의 면역기능으로 염증성 장을 개선할 수 있다.

(3) 바이오 마커(표 2-6)

<table>
<tr><th rowspan="2">기전</th><th rowspan="2" colspan="3">바이오마커</th><th colspan="3">측정 가능한 연구유형</th></tr>
<tr><th>In vitro</th><th>In vivo</th><th>Human</th></tr>
<tr><td rowspan="6">장운동 개선</td><td colspan="3">변 중량</td><td></td><td>O</td><td>O</td></tr>
<tr><td rowspan="2">변의 굳기 및 형태</td><td colspan="2">변이 수분함량</td><td></td><td>O</td><td>O</td></tr>
<tr><td colspan="2">변의 형태(Bristol stool Form scale)</td><td></td><td></td><td>O</td></tr>
<tr><td rowspan="2">소화관 운동능</td><td colspan="2">대장통과시간(Intestinal transit time)</td><td></td><td>O</td><td>O</td></tr>
<tr><td colspan="2">장관 운동능</td><td></td><td>O</td><td></td></tr>
<tr><td>임상적 증상</td><td colspan="2">배변 횟수, 변 굳기, 통변감 등
(Visual analogue scale, Likert scale)</td><td></td><td></td><td>O</td></tr>
<tr><td rowspan="11">장관 면역 조절</td><td rowspan="5">점막 장벽 기능</td><td colspan="2">장 투과성 검사
(Intestinal permeability test)</td><td></td><td>O</td><td></td></tr>
<tr><td colspan="2">장내 세균 전위 평가
(Bacterial translocation)</td><td></td><td>O</td><td></td></tr>
<tr><td colspan="2">점막 장벽 온전성
(Mucosal barrier integrity)</td><td></td><td>O</td><td></td></tr>
<tr><td colspan="2">뮤신 분비 및 유전자 발현</td><td>O</td><td>O</td><td></td></tr>
<tr><td colspan="2">장세포상하층부 전기저항치
(Transepithelial electrical resistance, TEER)</td><td>O</td><td>O</td><td></td></tr>
<tr><td rowspan="6">과도한 염증 반응 억제</td><td>사이토카인</td><td>TNF-α, IL-1β 등</td><td>O</td><td>O</td><td>O</td></tr>
<tr><td rowspan="5">면역 작용</td><td>식균작용
(Phagocytic activity)</td><td>O</td><td>O</td><td>O</td></tr>
<tr><td>Oxidative(respiratory) burst</td><td>O</td><td>O</td><td>O</td></tr>
<tr><td>IgG, IgA</td><td>O</td><td>O</td><td>O</td></tr>
<tr><td>림프구아형
(Lymphocyte subsets)</td><td>O</td><td>O</td><td>O</td></tr>
<tr><td>T-세포 조절인자</td><td>O</td><td>O</td><td>O</td></tr>
</table>

<table>
<tr><td rowspan="11">장관 면역 조절</td><td rowspan="8">과도한 염증 반응 억제</td><td rowspan="7">염증반응 관련 인자</td><td>Leukotriene B4</td><td>O</td><td>O</td><td>O</td></tr>
<tr><td>Prostaglandin E2</td><td>O</td><td>O</td><td>O</td></tr>
<tr><td>C-Reactive Protein</td><td>O</td><td>O</td><td>O</td></tr>
<tr><td>Inducible nitric oxide synthase</td><td>O</td><td>O</td><td>O</td></tr>
<tr><td>NF-kB 발현</td><td>O</td><td>O</td><td>O</td></tr>
<tr><td>Myeloperoxidase 활성</td><td>O</td><td>O</td><td>O</td></tr>
<tr><td>Calprotectin</td><td>O</td><td>O</td><td>O</td></tr>
<tr><td colspan="2">적혈구 침강 속도</td><td></td><td>O</td><td>O</td></tr>
<tr><td>조직 변화</td><td colspan="2">조직학적 손상 정도 및 병변</td><td></td><td>O</td><td></td></tr>
<tr><td>지사 효과</td><td colspan="2">설사 빈도, 완화 소요시간 등</td><td></td><td>O</td><td>O</td></tr>
<tr><td>임상적 증상</td><td colspan="2">복부불편감, 소화불량, 가스배출 혹은
복부팽만감, 상복부 통증 및 속쓰림,
설사 수준
(Visual analogue scale, Likert scale)</td><td></td><td></td><td>O</td></tr>
<tr><td rowspan="10">장내 미생물 개선</td><td rowspan="2">세균 동정 및 세균수</td><td>유익균</td><td>비피더스균, 락토바실러스균 등</td><td>O</td><td>O</td><td>O</td></tr>
<tr><td>유해균</td><td>병원성대장균, 황색포도상구균 등</td><td>O</td><td>O</td><td>O</td></tr>
<tr><td colspan="3">메타지노믹스(Metagenomics)</td><td></td><td></td><td>O</td></tr>
<tr><td colspan="3">장내 세균에 의한 부패산물</td><td>O</td><td>O</td><td>O</td></tr>
<tr><td colspan="3">장내 유해효소 활성
(β-Glucuronidase)</td><td>O</td><td>O</td><td>O</td></tr>
<tr><td colspan="3">장내 pH</td><td>O</td><td>O</td><td>O</td></tr>
<tr><td colspan="3">단쇄지방산(Short chain fatty acids)</td><td>O</td><td>O</td><td>O</td></tr>
<tr><td colspan="3">탄소원이용능</td><td>O</td><td></td><td></td></tr>
<tr><td colspan="3">항균기능(β-Defensin-2)</td><td>O</td><td></td><td></td></tr>
<tr><td colspan="3">장 상피세포주에 대한 병원균 접착저해 활성</td><td>O</td><td></td><td></td></tr>
</table>

(4) 개발사례 요약

1) 제목 : 쇠비름주정추출분말을 이용한 신규장관면역 개별인정원료개발(2024년)

2) 개요

염증성장질환은 장관 내 비정상적인 만성 염증이 호전과 재발을 반복하는 질환으로 궤양성 대장염과 크론병이 대표적임. 최근 서구화된 식생활 습관 등의 다양한 영향으로 아시아 전역에서 염증성 장질환 발생률과 유병률이 지속적으로 증가하고 있다.

아직까지 명확한 발병 기전은 밝혀지지 않았지만 유전적, 면역학적 이상 약물 등과 같은 환경적 요인이 관련 및 스트레스나 되어 있다고 알려졌다.

궤양성 대장염은 직장에서 대장의 근위부로 이어지는 대장 점막의 염증을 특징으로 하며 혈변, 급박변, 설사 등이 주요 증상으로 나타난다.

크론병은 구강에서 항문까지 위장관 전체에서 발생할 수 있으며 대개 복통, 설사, 전신 무력감을 호소하고 체중 감소나 항문 통증이 동반되기도 하며, 심한 경우 장관 협착이나 천공, 누공 등이 동반되어 삶의 질이 크게 저하될 수 있는 질환이다.

궤양성 대장염, 크론병, 베체트 장염은 증상, 병의 경과 및 치료 방법 등이 비슷하여 이들 질환을 총칭하여 염증성 장질환으로 한다. 치료가 시작됨에 따라 특별한 증상 없이 지내는 관해기와 증상이 나빠지는 재연기를 반복하게 되고 협착, 장천공, 심한 출혈 등의 합병증 나타나며. 염증성장질환은 과거 동양인에서는 비교적 드문 질환이었지만 현재 국내에서 서구화된 식습관을 비롯해 다양한 이유로 10년 동안 환자 수가 증가하는 추이를 보임.특히 다른 만성질환과 달리 젊은 연령층의 발병 위험이 높아 환자의 절반가량이 10~40대이다.

3) 연구 요약 (표2-7)

구분	내용
목적	건강기능식품 기능성원료인 쇠비름 추출물의 실용화를 위하여 대장기능성 저하 증상으로 생활에 불편함을 느끼는 사람에 대한 장관 면역 개선효과와 안전성을 평가
시험 대상	로마 기준 IV의 과민성 장 증후군(IBS)에 해당하는 자
시험 방법	시험대상자가 인체적용시험에 참여할 것을 서면으로 동의하면 스크리닝 후 무작위 배정을 받아 8주간 시험식품(KDC16-2) 또는 대조식품(말토덱스트린,만니톨)을 섭취하여 유효성, 안전성을 평가

피험자수	- 유효성 평가 예수: 90명 (시험군 45명, 대조군 45명) - 탈락률(20%)을 포함한 예수: 108명 (시험군 54명, 대조군 54명) - IIT 분석 피험자 수: 108명 (시험군 54명, 대조군 54명) - FAS 분석 피험자 수: 103명 (시험군 54명, 대조군 49명) - PPS 분석 피험자 수: 101명 (시험군 53명, 대조군 48명)
선정기준	1) 만 20~65세의 성인 남녀 중 45세 이상일 경우 5년 이내 실시한 대장내시경 검사에서 진행성 선종이 발견되지 않은 경우 (진행성 선종: 고도이형성, 융모성, 1cm) 발견되지 않은 자 2) 로마 기준 IV의 과민성 장 증후군(IBS)에 해당하는 자 3) 본 임상시험 참여를 자발적으로 결정하고 임상시험 준수사항을 잘 이행할 것을 서면 동의한 자
제외기준	1) 임상시험용식품 첫 투여일 전 2주 이내에 항생제 또는 프로바이오틱스를 복용한 자 2) 소화관의 기질적 질환이나 직장 항문질환 또는 염증성 장질환 기왕력이 있는자 3) 직장 출혈, 체중 감소 등 증상이 있는 경우 4) 충수절제술을 제외한 소화관 수술 과거력이 있는자 5) 소화관 운동에 영향을 미치는 약제의 만성 복용 기왕력이 있는자 6) 간경화, 심한 심부전[NYHA grade III or IV], 심한 신기능장애 [Ccr <30ml/min], 조절이 되지 않는 고혈압, 내분비장애, 대사장애, 악성종양 병력, 면역기능 저하 자 7) 쇠비름주정추출분말 성분이나 동일 계열의 성분을 포함하는 약물, 또는 기타 약물(아스피린, 항생제 등)에 대한 과민반응이나 임상적으로 유의한 과민반응의 병력이 있는 자 8) 임상시험용식품 첫 투여일 전 30일 이내에 약물의 흡수, 분포, 대사 및 배설에 영향을 줄 수 있는 비정상적인 식이를 해온 자 9) 약물 남용의 과거력이 있는 자 10) 과다 알코올 섭취자 (알코올>21units/주 (1unit=순수 알코올로써 10mL)) 11) 임신부 및 수유부 12) 임상시험용식품 첫 투여일 전 3개월 이내에 타 임상시험용식품/의약품을 복용한 자 13) 기타 사유로 인하여 시험담당자 혹은 시험책임자가 임상시험 참여에 부적합하다고 판단한 자
시험식품	- 시험식품의 주성분명 : 쇠비름주정추출분말(KDC16-2) - 제형 : 캡슐 - 지표물질 : 리놀렌산 - 1일 섭취량 : 480mg/day - 성분함량 : 쇠비름주정추출분말(KDC16-2) 480mg - 저장방법 : 실온보관
대조식품	- 시험식품의 주성분명 : 말토덱스트린, 만니톨 - 제형 : 캡슐 - 1일 섭취량 : 480mg/day - 성분함량 : 말토덱스트린 240mg, 만니톨 240mg - 저장방법 : 실온보관
섭취방법	시험식품 및 대조식품을 8주간, 1일 1회 1캡슐, 식후 경구 섭취

기능성 평가	**1차 기능성 평가변수** 1) 기저치 대비 4, 8주 후의 장 불편감(복부불편감, 소화불량, 가스배출 혹은 복부팽만감, 상복부 통증 및 속쓰림, 설사수준) 개선 2) 기저치 대비 4, 8주 후의 변의 굳기 및 형태(변의 형태(Bristol Stool Form Scale), 배변 횟수, 통변감) **2차 기능성 평가변수** 1) 기저치 대비 8주 후의 장관면역 검사 가) 사이토카인 : TNF-α, IFN-γ, IL-1β, IL-6, IL-8, IL-10 나) 면역 인자 : IgG, IgA 다) 염증관련 인자 : HS-CRP, ESR, fecal calprotectin, prostaglandin E2, myeloperoxidase, Leukotriene B4 라) 장내 미생물 균주조성변화 2) IBS-M, IBS-D에 해당하는 경우, 기저치 대비 4, 8주 후의 지사효과(설사빈도, 완화 소요 시간)
안전성 평가	1) 자·타각 증상 등 이상반응 모니터링 2) 신체 검사 및 활력 징후 3) 임상실험실 검사(혈액학검사, 혈액생화학적 검사)
통계분석방법	**인구학적 기초자료 분석** 본 임상시험에 포함된 모든 피험자의 자료를 군별로 평가하며 연속형 자료는 평균, 표준편차 등을 구하고 범주형 자료의 경우에는 절대 및 상대빈도를 구한다. 시험군과 위약군 간의 인구통계학적 자료와 기저치 자료를 비교 평가한다. 연속형 변수는 t-test (모수적 통계방법) 또는 Wilcoxon rank sum test (비모수적 통계방법)로, 범주형 변수는 Chi-square test 또는 Fisher's Exact test을 이용하여 비교한다. **기능성 분석** 기능성 평가에 대해서는 시험군과 대조군 간의 평균비교와 시간 경과에 따른 효과를 검정하기 위하여 연속형 변수는 Repeated measure ANOVA를, 범주형 변수는 linear mixed effect model 분석을 수행한다. 인구학적 기초자료 분석에서 주평가변수에 영향을 미치는 요인은 보정한다. 기저시점 대비 4주 후 또는 8주 후 평가변수의 개선양상을 알아보기 위하여 연속형 변수는 paired t-test를, 범주형 변수는 McNemar's test를 행한다. 각 시점에서 두 군에서의 평가변수의 차이는 연속형 변수는 t-tes, 범주형 변수는 chi-square test를 이용하여 비교한다. **안전성 분석** 발현된 모든 이상반응은 군별로 자세한 설명과 함께 나열한다. 치료군별로 시험약물과의 연관성이 있는 이상반응과 없는 이상반응의 빈도를 기록한다. 이상반응의 발현건수와 1회 이상의 이상반응을 경험한 피험자의 빈도율이 군간 차이가 있는지를 카이제곱 검정 등을 실시하여 비교한다. 또한, 군간 이상반응 정도를 이상반응별로 비교, 제시하고, 필요한 경우 정도별 이상반응 발생 빈도가 군간 차이가 있는지 카이제곱 검정 등을 실시하여 비교한다. 임상시험 전후 간기능 또는 신기능 지표를 측정하고, 군간 간기능 또는 신기능 지표의 변화가 차이가 있는지를 알아보기 위해 t-test를 실시하여 비교한다.

결과	<u>기능성</u> 시험군에서 대조군에 비해 1차 기능성 평가 변수인 GSRS가 섭취 전에 비해 섭취 4주 후와 8주 후에 유의하게 개선되었고, 특히 대조군과 달리, 복통이 유의하게 호전되었다. 특히, IBS-SSS 점수가 50점 이상 호전된 대상자의 비율이 시험군에서 대조군에 비해 유의하게 높게 나타났다. 2차 기능성 평가 변수인 8주 후의 장관 면역 개선 효과는 시험군에서 IL-6은 유의한 감소, IL-8은 유의한 증가를 보여주었고, 장내 미생물의 다양성의 증가를 보여주었다. <u>안전성</u> 섭취 전 후 측정한 혈액 검사는 모두 정상 범위 내에서 임상적으로 유의한 변화는 확인되지 않았고, 시험군과 대조군 양 군에서 특별한 이상 반응은 나타나지 않았다.
결론	시험식품(쇠비름주정추출분말)은 과민성 장 증후군 증상을 보이는 성인에서 안전성에 대한 이상 없이 장 증상과 관련 삶의 질을 호전시키는 효과가 입증되었다.

4. 피부 개선

노화를 자연스러운 현상을 받아들였던 이전과는 달리 '삶의 질' 의 중요성에 대한 인식이 보편화됨에 따라 더불어 고령화에 따른 노인성 질환을 대비하고자 하는 셀프메디케이션(Self-Medication) 트렌드가 형성되고 있으며, 다양한 방면으로 건강을 지키려는 소비자들의 인식이 날로 증가하고 있으며, 최근 들어 건강을 잃기 전 미리 평상시의 생활 속에서 건강을 지키고 예방하려는 노력이 증가하고 있다. 운동을 통한 신체 관리뿐만 아니라 '식품을 이용한 건강증진'과 관련하여서 관심이 폭발적으로 증가하고 있음. 특히 천연소재를 활용한 고부가가치 기능성 원료에 대한 안정성과 기능성이 보장되는 건강기능식품에 대한 관심과 수요가 확대되고 있다.

초고령화 사회로 접어드는 국내외의 시대적 흐름과 함께 자연스럽고 건강한 피부에 대한 관심이 높아지면서 바르는 것뿐만 아니라 피부노화를 예방하고 피부 노화 속도를 더디게 하여 노화를 개선하도록 건강하게 관리할 수 있는 이너뷰티(Inner beauty) 건강기능식품에 대한 소비자들의 니즈가 증가하고 있다. 최근 코로나바이러스감염증-19(COVID-19) 확산으로 마스크 착용이 지속되는 불가피한 상황에 따라 마스크로 인한 날숨에 의해 내부 온도와 습도가 올라가면서 피부 트러블 증가로 피부건강에 대한 관심이 증대되고 있다. 2025년 현재 "소나무껍질추출물등 복합물, 홍삼·사상자·산수유복합추출물, 핑거루트추출분말, 핑거루트추출분말(판두라틴), 쌀겨추출물, 지초추출분말, AP 콜라겐 효소분해 펩타이드, 민들레 등 추출복합물, Collactive 콜라겐펩타이드, 저분자콜라겐펩타이드, 옥수수배아추출물, 프로바이오틱스 HY7714, 콩·보리 발효복합물, 밀배유추출물, 석류농축액 / 석류농축분말, PME88 메론추출물, 허니부쉬추출발효분말, 피쉬콜라겐펩타이드, 저분자콜라겐펩타이드NS, 로즈마리자몽추출복합물, 배초향추출물(Agatriⓡ), 수국잎열수추출물, 밀추출물(Ceratiqⓡ), 갈락토올리고당분말, 굴가수분해물, 들쭉추출분말, 가다랑어엘라스틴펩타이드, 저분자콜라겐펩타이드, 저분자피쉬콜라겐펩타이드, 유청단백지질추출물, 난각막분말, 유크림농축분말, 당귤농축분말, 풋사과농축분말, *Lactiplantibacillus plantarum* PBS067 등 프로바이오틱스 복합물(PBS), 목천료추출분말, 팔밋올레산함유명태(알래스카폴락)유래정제어유, 배초향·고지베리·무화과복합추출물, 장미꽃잎추출물, 녹각효소분해추출물, 저분자돈태반펩타이드, 인디안구스베리·새싹보리추출복합물, 연어코연골추출물, 보리수나무열매추출물" 등 46개 원료가 사용 허가되었다.

(1) 개요

1) 피부의 구조

피부는 크게 표피(epidermis), 진피(dermis), 피하지방(subcutaneous fat)으로 구성되어 있다. 표피는 각질층, 과립층, 유극층, 기저층으로 구성되어 있으며, 28일 정도 주기로 새로운 세포로 교체되고 있다. 또한 케라틴으로 되어있는 케라티노사이트, 멜라닌을 형성·분비하는 멜라노사이트, 면역관련세포(langerhans cell) 및 지각관련세포(merkel's corpuscles)등 여러 가지 세포로 이루어져 있어 외부자극이나 병원균의 침입을 방지하고 체온조절, 수분과 지질 성분 유지 작용을 한다. 진피는 섬유성분과 기질성분으로 구성되어 있는데 그 중 콜라겐은 입체구조 유지, 인장강도 부여 등의 피부를 보호하는 역할을 수행하며 진피층의 90%를 차지하고 있다. 엘라스틴은 탄력섬유로서 진피층의 3~4%정도를 차지하며 입체구조 사이를 스프링처럼 작용하여 피부탄력을 유지한다. 그 외에 수분보유능이 강한 히알루론산, 뮤코다당체 등의 고분자 지질성분이 있다.(그림 2-25)

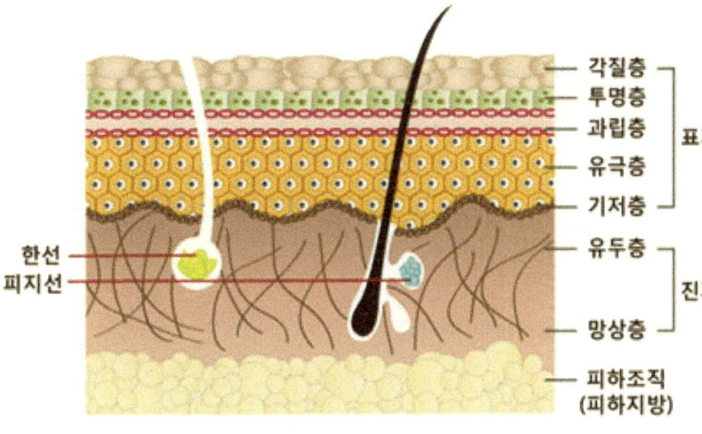

그림 2-25 피부의 구조(출처: 이해하기 쉬운 건강기능식품, 2019)

2) 피부의 기능

① 보호작용

피부는 인체의 표면에 있는 것으로 다양한 외부 유해물질이나 물리적인 자극으로부터 피부를 보호한다. 또한 체내의 모든 기관을 외부의 기계적인 힘의 전달에 대해 완충작용을 하여 피부의 손상을 막아 준다. 특히, 피지선에서 분비된 피지가 땀과 어우러져 피부 겉 표면에 pH 4.5~6.5의 산성막을 형성하여 세균이나 곰팡이 등 미생물의 침입을 막아 피부를 보호한다. 피부표면의 굴곡에 의한 태양광선의 반사와 각질층에 의한 광선의 산란 등에 의해 햇볕을 쪼이면 생기는 피부의 멜라닌색소 증가 및 화상 등을 막아준다.

② 체온조절작용

인체의 대부분의 열소실(80%)은 피부를 통해 이루어지고 나머지 열소실(20%)은 호흡기계와 분비물을 통해 이루어진다. 따라서 피부는 발한이나 피부혈관의 확장·수축에 의한 피부 혈류량의 변화로 신체의 열 발산을 조절하여 체온을 일정하게 유지함으로써 인간의 몸이 항상 최적의 상태로 활동할 수 있도록 한다.

③ 지각작용

진피와 피부 및 조직 내에 감각신경종말이 존재하며, 이러한 감각기들을 통해 온도, 촉감, 압박, 통증 등의 외부자극을 감지하여 신경세포에 전달하는 수용체로 작용하여 몸을 보호한다.

④ 체내 노폐물의 분비·배출작용

피지선에서 피지, 땀샘에서 땀을 분비하고 적은 양의 염분, 물과 유기물 등의 체내 노폐물을 배출한다. 피지선의 크기와 발달은 성별, 나이 등에 영향을 받는다.

⑤ 흡수작용

피부를 통합 흡수경로는 각질층을 통한 흡수, 모공 및 한선을 통한 흡수로 나눌 수 있다. 이는 주로 확산에 의해 이루어지며, 분자량, 물질의 물리·화학적 성질, 혈류량, 피부온도 등에 따라 달라진다.

⑥ 저장작용

피하조직은 여분의 영양물질을 저장하고, 피부에는 18~20%의 수분이 포함되어 있다.

3) 피부 노화

피부의 노화는 크게 내인성 노화와 외인성 노화(광노화)로 나눌 수 있다. 내인성 노화의 임상적 특징은 비교적 경미하며, 잔주름, 피부건조증, 탄력감소 등을 들 수 있다. 외인성 노화(광노화)의 경우 내인성 노화에 비하여 굵고 깊은 주름과 잔주름이 발생하며, 심한 경우 피부건조증, 탄력감소, 색소성 질환, 양성종양, 피부암 등을 증가시킨다.

① 내인성 노화

나이가 들어감에 따라 섬유아세포의 작용과 세포수가 감소하여 콜라겐, 엘라스틴, 피브릴린 등 세포외 기질 단백질 섬유의 합성량이 줄어들고 구조가 느슨해져서 탄력이 감소되며 피부 세포 내 수분이 손실되고 각질층의 구조가 변한다. 또한 콜라게나아제의 작용이 증가하여 콜라겐의 가교된 형태가 증가함으로써 보습이 감소된다.

② 광노화

태양광선의 자외선에 대한 자극에 의하여 활성산소종(ROS)이 발생되고, 전염증성 사이토카인의 생성이 촉진되어 여러 가지 신호전달 체계를 활성화시킨다. 또한 AP-1을 활성화시켜 TGF-β 및 TGF-α를 억제함으로써 진피의 주된 성분인 collagen Ⅰ과 collagen Ⅲ의 합성을 감소시키며, AP-1과 NF-$\kappa\beta$의 활성화는 MMPs, 특히 MMP-1, MMP-3, MMP-9을 활성화시켜 진피내 결체조직의 분해를 촉진시킨다.

장기간 UV 노출 시 피부조직에서는 표피 두께가 2~3배 증가하며, 표피층에서는 유극세포의 증가, 각질세포의 다형성 등이 관찰되는 것이 특징이다. 또한 무정형의 엘라스틴을 포함한 물질들이 표피와 진피 연결층 위에 침작되며 진피층에서는 콜라겐과 엘라스틴의 섬유구조가 변형되고 탄력섬유의 증가로 인한 일광탄력섬유증(elastosis)이 발생한다.

③ 산화적 스트레스

피부가 자외선에 노출되었을 때, 세포가 반응하는 신호전달 체계를 작동시키고 과산화수소 등 활성산소종의 발생을 증가시키며, 항산화 효소의 발현을 감소시킨다. 이러한 활성산소종의 증가는 유전자와 단백질의 구조를 변화시켜 세포 내외의 항상성이 파괴되어 피부의 손상을 가져오게 된다.

4) 주름 발생 기전

노화와 자외선 등으로 인한 피부노출은 MAPK(mitogen-activated protein kinase)를 활성화시킨다. MAPK에서 가장 많이 영향을 받는 인자는 AP-1이다. AP-1은 Jun과 Fos family 단백질로 이루어진 전사인자로 c-Jun과 c-Fos의 heterodimer 형태로 존재 할 때 전사활성이 가장 높다. 사람의 피부가 자외선에 노출되지 않았을 때는 c-Fos와 JunD의 이합체로 존재하나, 자외선, 외부 환경적 자극 등에 의하여 c-Jun과 c-Fos 단백질의 발현이 증가하게 되고, c-Jun은 JNK와 p38에 의한 인산화에 의하여 활성화된다. AP-1은 세포와 분화에 관련되는 많은 유전자의 발현을 조절하고 몇몇 MMPs의 발현을 강력히 조절한다.

MMP는 zinc이온을 요하는 endoprotease로 세포외기질 단백질을 분해하는 효소이다. AP-1에 의해 발현이 조절되는 MMP중 MMP-1은 collagenase 1으로 알려져 있으며, type Ⅰ와 Ⅲ collagen을 기질로 한다. MMP-3는 stromelysin 1이라고도 하며, 기저막의 type Ⅳ collagen을 분해하며 zymogen인 proMMP-1을 활성화시킨다. MMP-9은 gelatinase B로 collagenase에 의해 분해된 산물을 더 작게 가수분해한다. 자외선에 의하여 MMP-1가 fibillar collagen (types Ⅰ와 Ⅲ)으로 쪼개면서 콜라겐을 분해시키고, 연이어 MMP-3, MMP-9를 증가시킨다. (그림 2-26)

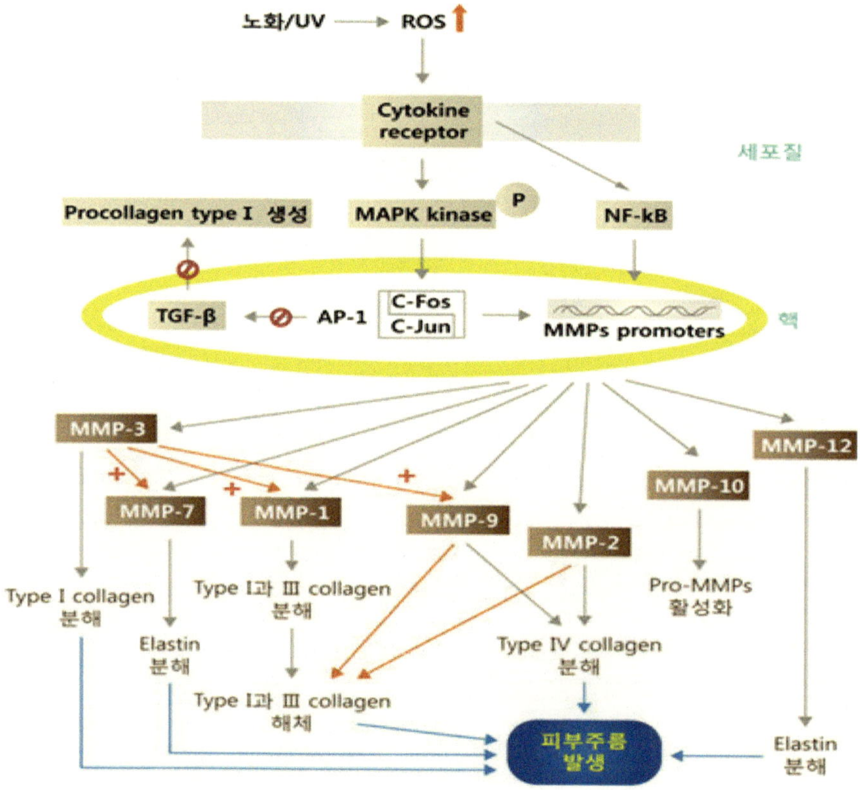

그림 2-26 피부의 주름 생성 메커니즘 (출처: Pittayapruek P et al., 2016]

5) 피부보습 관련 인자

피부의 탄력성이나 보습은 피부의 가장 외층인 표피의 각질층에 존재하는 수분과 진피에 존재하는 콜라겐에 의해 유지된다. 각질층의 수분 함량은 표피에서 생성 분비되는 지질 혼합체인 피지막과 각질층 내에 존재하는 수용성 성분인 자연 보습인자(NMF: natural moisturizing factor)에 의해 결정된다. 건강한 표피의 각질층은 15-20%의 수분을 함유하고 있으며 수분이 10% 이하로 떨어지면 피부가 건조해지고 윤기와 탄력이 없어져 주름이 증가 하게 된다.

① 콜라겐(collagen)

교원섬유라고도 불리며, 진피의 85~90%를 차지한다. 세포외 기질의 주요 구성 성분인 콜라겐은 섬유아세포의 작용에 의해 프로콜라겐의 형태로 생성되는 단백질이다. 새롭게 합성된 프로콜라겐은 효소반응을 거쳐 피부세포의 세포외 공간으로 분비되어 삼중나선구조의 microfibril을 형성하고, microfibril들은 leucine-rich small proteoglycans과 결합하여 피브릴을 형성하는데, 이러한 과정을 fibrillogenesis라고 한다. 결과적으로 이렇게 만들어진 피브릴들이 모여 콜라겐 섬유를 형성하게 되어 피부의 결합력과 탄력성을 갖게 한다. 피부 콜라겐 중 대부분을 차지하는 것은 type-1 콜라겐이다. 주된 기능으로는 피부의 기계적 견고성, 결합조직의 저항력과 조직의 결합력, 세포 접착의 지탱, 세포 분할과 분화 유도 등이다. 콜라겐은 피부, 골, 인대, 연골 및 치아 등에 높은 농도로 존재하고 트립신과 같은 단백질 분해효소의 작용을 받지 않으나 콜라게나아제에 의해 분해된다.(그림 2-27)

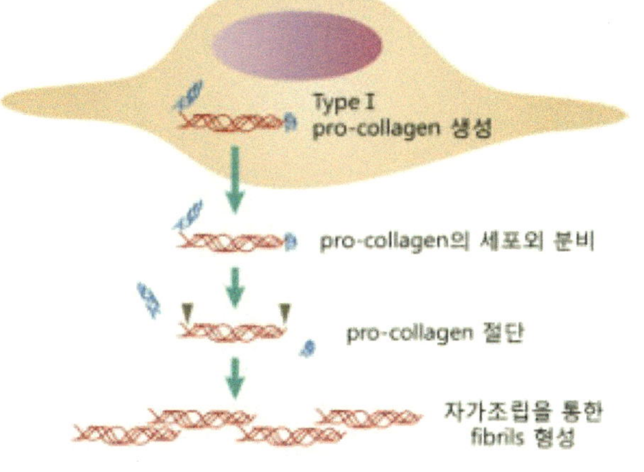

그림 2-27 Fibrillogenesis 과정 (출처: Ireton JE et al., 2013)

② **세라마이드(ceramide)**

지질성분들로 구성된 세라마이드는 세포간 intercellular cement의 35~40%를 차지하며 피부의 수화와 관련이 있다. 따라서 세라마이드의 지질성분들의 생성 및 분비 감소가 lamellae 구조를 파괴되면서 경피수분손실(TEWL)이 증가하여 피부는 건조해지고 표면이 메마르며 각질이 생성된다. (그림 2-28)

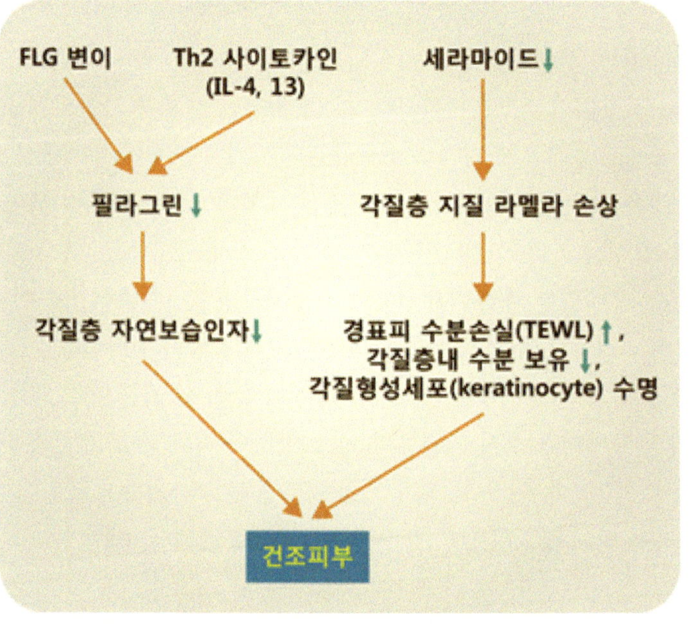

그림 2-28 건조피부 형성 과정 (출처: 건강기능식품 기능성평가 가이드라인, 2014)

단백질 및 인지질 분해과정에서 제공되는 세린과 palmitoyl-CoA의 결합에 의해 생성되며, 관련 효소명은 serine palmitoyltransferase이다. 이와 같은 De novo 경로에 의해 형성된 세라마이드는 glucosylceramide 또는 sphingomyelin으로 전환이 가능한데, 즉 glucosylceramide synthase 및 sphingomyelin synthase에 의해 glucosylceramide 또는 sphingomyelin으로 전환되며, 또한 이들은 cerebrosidase및 sphingomyelinase에 의해 다시 세라마이드로 전환된다. De novo 및 대사 과정에 의해 형성된 세라마이드는 스핑고신과 지방산으로 최종 분해되는데 관련 효소명은 ceramidase이고 또한 이들 분해 산물은 세라마이드 synthase에 의해 다시 세라마이드로 전환될 수도 있다. (그림 2-29)

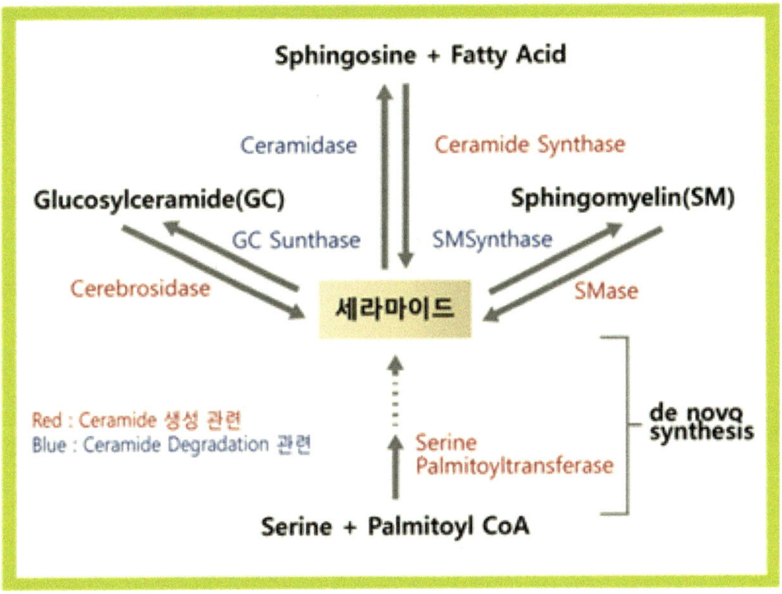

그림 2-29 세라마이드 형성 과정 (출처: 건강기능식품 기능성평가 가이드라인, 2014)

③ 히알루론산(Hyaluronic acid)

피부에 존재하는 히알루론산은 섬유모세포 및 각질형성세포에서 형성되며 점다당질의 구성 성분으로 다당류가 많이 들어있어 수분을 상당량 함유할 수 있는 특징이 있다. 주기는 2~4.5일이며, 무게가 자신의 1,000배인 수분과 결합하여 피부장벽 기능의 조절과 세포외 기질을 수화시켜 조직 내 수분의 항상성을 유지시킨다. 또한 히알루론산은 진피뿐만 아니라 표피의 세포 간격, 특히 가시층에 있으나 각질층과 과립층에는 존재하지 않는다. 그러나 현재까지 히알루론산이 피부수화에 어떤 역할을 수행하는지에 대해서는 확실하게 알려져 있지 않다.

(2) 피부건강의 의의

일반적으로 피부노화는 나이의 증가와 활성산소종, 자외선 등 외부인자들이 주요 원인인 것으로 알려져 있다. 이로 인하여 노화된 피부는 표피세포의 분열 속도와 재생속도가 감소되어 상처 치유 능력이 저하되며, 피부의 세포면역이 저하되어 있어 각종 바이러스나 진균에 의한 피부감염과 종양에 취약해진다. 또한 항산화시스템의 기능 저하로 인하여 피부의 산화손상은 점점 더 증가되며, 콜라겐의 변화와 MMPs의 증가로 인하여 주름이 형성된다.

피부노화를 예방하기 위하여 비타민C, 비타민 E 등 항산화 물질 섭취가 피부의 항산화작용에 도움이 된다. 또한 피부의 노화는 수분을 유지하는 능력 저하와 주름 발생으로 진행되므로, 보습제와 자외선 차단을 위하여 일광 차단제를 사용해야 한다. 그 외에도 레티노이드제 사용은 표피에서 각질세포의 증식을 유도하고 이상분화를 막아주며, 진피의 두께를 증가시켜 주는 능력이 있음이 잘 알려져 피부노화의 치료에 사용되고 있다.

(3) 바이오마커

① 자외선에 의한 피부손상으로부터 피부건강 유지 기능성 확인을 위한 바이오마커(표2-8)

구분	바이오마커	측정 가능한 연구유형		
		In vitro	*In vivo*	Human
피부 보호	MAPK, AP-1, p-38,c-Fos, c-Jun, JNK	O	O	
	MMPs 발현량	O	O	O
	Ki-67, 8-OHdG cells		O	
	표피·진피 두께 (thickness of epidermis·dermis)		O	O
	최소홍반량(MED)		O	O
	SOD, GSH-Px, CAT	O	O	
	사이토카인(cytokine)	O	O	
	COX-2	O		
임상적 개선	피부주름(skin wrinkle)		O	O
	피부탄력(skin elasticity)		O	O

② 피부보습 기능성 확인을 위한 바이오마커(표2-9)

구분	바이오마커	측정 가능한 연구유형		
		In vitro	*In vivo*	Human
피부 구조 및 기능유지	세라마이드(ceramide)		O	O
	프로콜라겐(procollagen)	O		O
	콜라겐 섬유		O	O
	콜라겐 합성 유전자	O		O
	콜라겐-I (Collagen- I)		O	
	엘라스틴(elastin)	O		O
	피브릴린 함량(fibrillin content)			O
	히알루론산 함량	O	O	
	히알루론산 합성 효소(HAS)			O
	콜라게나아제 억제 활성	O	O	
	엘라스타아제 억제 활성	O		
임상적 개선	피부수분량 (skin hydration)		O	O
	경피수분손실량 (TEWL)		O	O
	각질화 정도 (stratum corneum flexibility)		O	O
	피부 거칠기 (skin roughness)			O
	피부 탄력 (skin elasticity)		O	O

(4) 제품 개발 사례

1) 제목 : 장미꽃잎추출물을 활용한 이너뷰티 건강기능식품 연구 및제품 개발(2024년)

2) 연구 개요(표-2-10)

구분	내용
표준 제조공정 개발	- 사업화에 최적의 추출조건 확립 후 대량생산 제조공정 확립하여 3 Lot 생산 원료를 바탕으로 기준 규격 설정
지표성분 시험법 표준화	- 원료의 일정한 품질관리를 위해 지표(유효)성분의 분석법을 설정하고 시험법의 타당성을 입증하기 위해 밸리데이션자료를 확보 - 공인분석기관에 의뢰하여 분석법 검증 및 지표(유효)성분 함량 확인
장미꽃잎추출물 전임상 유효성 검증 및 작용기전 규명 연구	- 피부손상 개선 효능 검증: 자외선 조사 유도 피부손상 세포/동물모델에서의 장미꽃잎추출물의 피부 개선 효능 평가 및 기전을 연구하여 자료를 확보 - 피부보습 효능 검증: 자외선 조사 유도 피부손상 세포/동물모델에서의 장미꽃잎추출물의 피부 보습 효능 평가 및 기전을 연구하여 자료를 확보
장미꽃잎추출물 피부건강 인체적용시험 수행	- 인체적용시험 수행을 위하여 전문기관인 CRO와 시험기관을 선정하여 프로토콜을 수립하여 IRB심의를 진행 - 장미꽃잎추출물의 피부건강 기능성 및 안전성 확인을 위해 무작위배정, 위약대조 연구를 기본으로 인체적용시험을 수행
제품화를 위한 제형 및 제제 최적화 기술 연구	- 소비자들이 일반적으로 선호하는 제형을 기반으로 최적화된 제형 및 제제 연구를 통한 제품화를 진행
안전성 연구	- 장미꽃잎추출물의 안전성 확보를 위하여 OECD에서 정한 시험법에 따라 우수실험실운영규정(GLP)을 준수하는 시험기관에서 안전성 연구를 수행
원산지별(국내산, 수입산) 장미꽃잎추출물의 효능 비교	- 피부손상 개선 및 피부보습 효능 검증: 자외선 조사 유도 세포모델에서의 원산지별 장미꽃잎추출물의 피부 개선 효능 비교 평가
피부건강 개선용 복합기능성 개별인정 신청	- 개별인정 원료신청에 필요한 자료를 구비하여 식품의약품안전처에서 제공하는 피부 건강 기능성인 '자외선에 의한 피부손상으로부터 피부 유지에 도움을 줌'과 '피부 보습에 도움을 줌'의 복합기능성 개별인정을 신청하고자 함

3) 연구 결과

① 조제물 분석 결과

<table>
<tr><td>측정기관</td><td>바이오톡스텍</td></tr>
<tr><td>시험항목</td><td>직선성, 특이성, 일내 재현성, 표준원액 안정성, 균질성</td></tr>
<tr><td>시험결과</td><td>

• 직선성 : 표준용액 0.0986 ~ 1.972 μg/ml 의 농도 범위에서 측정한 검량선의 상관계수 R^2은 0.9997 이상으로 나타났으며, 각 범위에서의 정확성은 0일째 측정 시 87.58 ~ 105.88%로, 8일째 측 정 시 88.95 ~ 108.32%로 확인됨

(A) Day 0 (B) Day 8

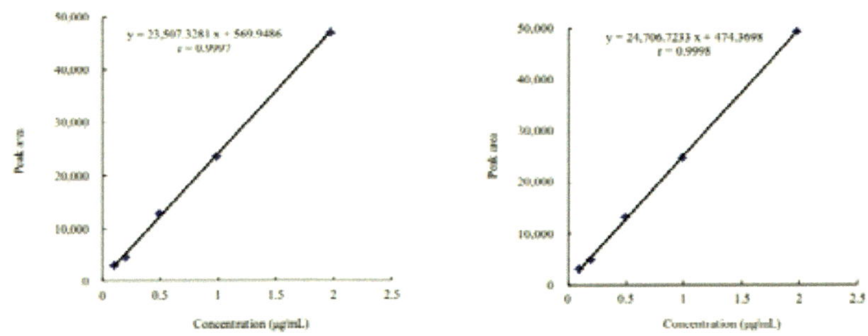

• 특이성 : 표준물질 피크는 분석에 충분한 형상을 나타내었으며, 이동상, 희석용매 및 부형제가 표준물질의 피크에 영향을 주는 성분은 검출되지 않음

(A) Mobile phase A (B) Mobile phase B

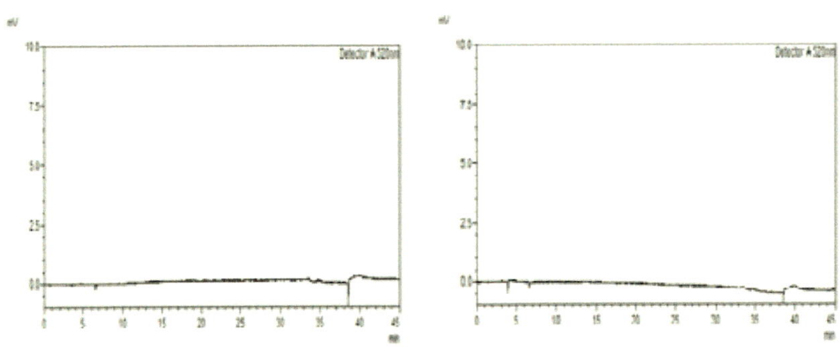

• 일내 재현성 : 조제물 0.2 및 500 mg/ml 농도에서 시험물질의 정밀성은 0.48 및 1.00%로, 정확성은 104.85 및 117.60%로 확인되었음

</td></tr>
</table>

그림 2-30 조제물의 분석 결과 자료

② 조제물의 안전성 분석 결과

검사 항목

- 일반 증상 관찰: 통상 2주 (자연성 독성 또는 증상이 지속될 경우)
- 체중측정 : 최종 투여 1, 3, 7 및 14일
- 부검: 관찰기간 종료 후 부검
- 조직병리학적 검사 : 필요시 실시 (물질에 의한 육안소견이 관찰될 경우)

결과 및 고찰

- **사망 유무** : 관찰기간 동안, 암수 대조군 및 5,000mg/kg 투여군에서 사망례 없음

Table 1. (Continued)

Sex: Female

Group	No. of animals	Day 1	2	3	4	5	6	7	8	9	10	11	12	13	14	15	Mortality
G1	5	0	0	0	0	0	0	0	0	0	0	0	0	0	0	0	0/5
G2	5	0	0	0	0	0	0	0	0	0	0	0	0	0	0	0	0/5

- **일반 증상** : 관찰기간 동안, 암수 대조군에서 일반증상의 이상은 관찰되지 않음

Table 2. (Continued)

Sex: Female

Group	No. of Animals	Clinical Sign	Day 1 (hr) 0.5	1	2	4	6
G1	5	NOA	5	5	5	5	5
G2	5	NOA	5	5	5	3	5
		T20				2	

NOA No Observable Abnormality
T20 Mucous stool

Sex: Female

Group	No. of Animals	Clinical Sign	Day 2	3	4	5	6	7	8	9	10	11	12	13	14	15
G1	5	NOA	5	5	5	5	5	5	5	5	5	5	5	5	5	5
G2	5	NOA	5	5	5	5	5	5	5	5	5	5	5	5	5	5

NOA No Observable Abnormality

- **체중 변화** : 5,000mg/kg 투여군에서 대조군과 비교시, 수컷은 투여 2일, 암컷은 투여 2 및 4일에 유의성 있는 체중감소가 관찰되었으나 이는 시험물질 투여에 의한 일시적인 변화로 판단됨

그림 2-31 조제물의 안전성 결과 자료

③ 인체적용시험 요약(표2-11)

목적	장미꽃잎추출물 피부건강 개선에 대한 유효성 및 안전성을 평가하기 위한 인체적용시험
대상자	선정기준 및 제외기준에 부합하는 지원자 100명 (시험군50명/대조군50명)
섭취기간	12주(84일)
프로토콜	1) 임상사진 촬영(안면) : 섭취 전, 6주, 12주 2) 눈가 주름 육안평가(눈가주름) : 스크리닝, 섭취 전, 6주, 12주 3) 눈가주름 기기평가(눈가주름) : 섭취전, 6주, 12주 4) 피부탄력 평가(뺨) : 섭취전, 6주, 12주 5) 진피치밀도 평가(뺨) : 섭취전, 6주, 12주 6) 피부수분량 평가(뺨, 전박) : 스크리닝, 섭취 전, 6주, 12주 7) 경피수분손실량 평가(뺨, 전박) : 섭취전, 6주, 12주 8) 피부 각질량 평가(뺨, 전박) : 섭취전, 6주, 12주 9) 피부 거칠기 평가(뺨) : 섭취전, 6주, 12주 10) 신체계측(키, 체중, BMI) : 섭취전, 12주 11) 식이조사 : 섭취전, 6주, 12주 12) 이상반응 평가(피부 및 전신) : 6주, 12주 13) 효능 및 복용성 설문 평가 : 6주, 12주 14) 제품 순응도 평가 :6주, 12주
결과	식약처 피부건강 가이드라인 참고 연구에 적합한 대상자 선정기준, 섭취기간, 평가 항목 개발 완료

그림 2-32 인체적용시험 대상자 제공용 세안제

④ 관련 사진

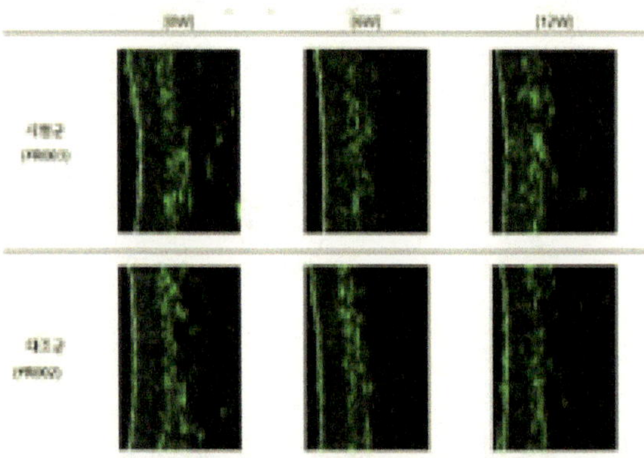

그림 2-33 진피 치밀도 변화 이미지

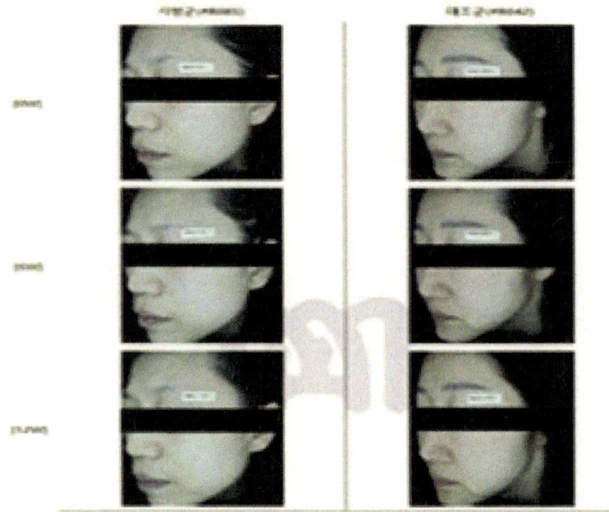

그림 2-34 피부색 변화 임상사진

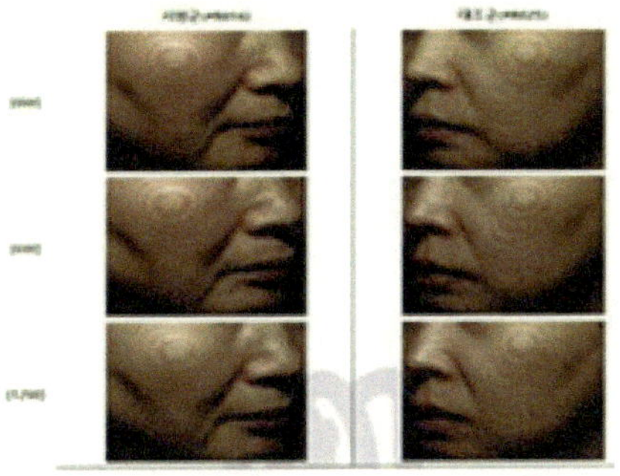

그림 2-35 피부 리프팅 (피부 처짐) 변화 이미지

세포주	인체유래 피부섬유아세포 (Human dermal fibroblasts, HDFs)
측정시료	분무건조 장미꽃잎추출물(S.D.RPE)
실험방법	① 60 mm cell culture dish에서 인체피부섬유아세포(HDF)를 3 × 10^5 cells/dish seeding ② 24시간 배양 이후 Serum free 배지로 교체 ③ 24시간 배양 이후 분무건조 장미꽃잎 추출물을 각 2.5, 5, 10 μg/mL 농도로 1시간 처리 ④ 자외선(Ultraviolet B, UVB) 25 mJ/cm^2 처리 ⑤ 24 시간 배양 이후 단백질 추출을 이용한 Western blot 진행
실험결과	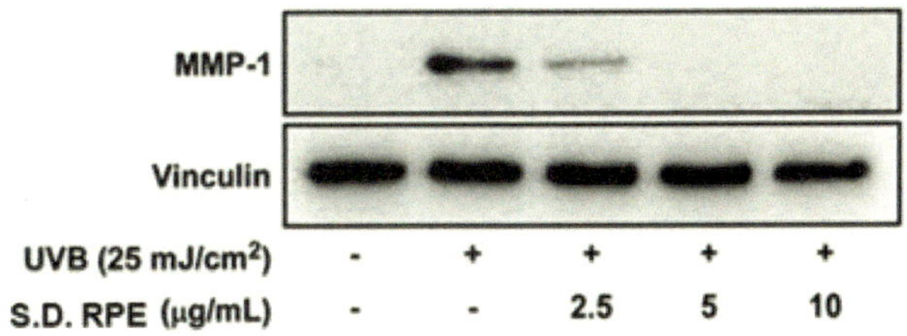 <그림93. 인체피부표피세포(HaCaT) 내의 콜라겐 분해효소(MMP-1) mRNA 발현량 측정> • 자외선B(Ultraviolet B, UVB) 처리시 콜라겐 분해효소(MMP-1)의 증가된 단백질 발현을 장미꽃잎추출물이 억제

그림 2-36 인체피부성유사세포에서 콜라겐 분해효소 억제효능 확인

5. 혈당 조절

당뇨병(diabetes mellitus)은 만성적인 고혈당을 특징으로 하는 대사성 질환군으로, 인슐린 분비의 결핍, 인슐린 작용의 장애, 또는 두 가지 요인의 복합으로 인해 발생한다. 전 세계적으로 유병률이 급증하고 있으며, 심혈관질환, 신경병증, 신장병증 등 광범위한 합병증과 직결되는 중요한 공중보건 문제다. 당뇨병을 이해하기 위해서는 병인적 요인, 임상적 분류, 그리고 세포·분자 수준에서의 대사 메커니즘의 상호작용을 종합적으로 파악할 필요가 있다.

2025년 현재 "솔잎증류농축액, 콩발효추출물, 알부민, nopal추출물, 동결건조누에분말, 지각상엽 추출 혼합물, 서목태(쥐눈이콩) 펩타이드 복합물, 인삼가수분해농축액, 타가토스, 히드록시프로필메틸셀룰로오스, 상엽추출물, L-arabinose, 세리포리아락세라타 균사체 배양물, 씨폴리놀 감태주정 추출물, 키토올리고당, 미숙여주주정추출분말, 뽕나무가지주정추출분말, *Lactobacillus plantarum* HAC01 프로바이오틱스, 당조고추건조분말, 홍삼" 등 총 19개 원료가 개별 인정형 원료로 등록되어 있다.

(1) 개요

1) 혈당

우리 몸은 정상적인 기능을 유지하기 위하여 에너지를 필요로 하고, 이 에너지는 혈액 속의 영양소를 이용하여 생산된다. 혈액 속 영양소 중에서 가장 효과적인 에너지원은 포도당이며, 포도당은 적혈구와 뇌세포의 에너지원으로 중요한 원료이다. 혈액 속의 포도당을 혈당이라고 하며, 혈당은 항상 일정수준으로 유지되어야만, 우리 몸에 원활하게 에너지를 공급할 수 있다.

음식물로 섭취한 탄수화물은 소장에서 흡수되어 일단 간으로 이동한다. 간은 흡수된 영양소 중 포도당을 바로 혈액으로 내보내고, 아미노산 등의 영양소는 체내에서 쓰일 수 있도록 포도당으로 분해하거나 전환한다. 생성된 포도당은 혈액으로 방출되어 체내에서 에너지원으로 사용된다. 혈액 속 포도당은 세포 안으로 들어가 에너지를 만들어 내는데, 신경세포를 제외하고 인슐린이 혈당을 세포로 들어갈 수 있도록 신호를 보내 에너지를 만들 수 있도록 한다.

2) 혈당의 대사조절기전

혈당은 모든 세포의 기본적인 에너지원으로서 체내 여러 대사와 호르몬에 의해 일정하게 유지된다. 포도당의 흡수 조절, 당 대사, 췌장의 베타세포 기능, 인슐린 신호전달체계 등이 혈당 조절에 관여한다(그림2). 대표적인 호르몬으로는 인슐린과 글루카곤이 있으며, 혈당저하 시 글루카곤이 분비되어 간에 저장된 포도당을 혈액으로 방출시켜 혈당을 정상 수준으로 유지하도록 도와준다. 반대로 혈당 상승 시에는 췌장에서 인슐린이 분비되어, 포도당을 간에 저장하고, 각 조직의 세포에서 포도당 이용을 촉진하여, 혈당 수준을 다시 정상으로 조절한다.(그림 2-37)

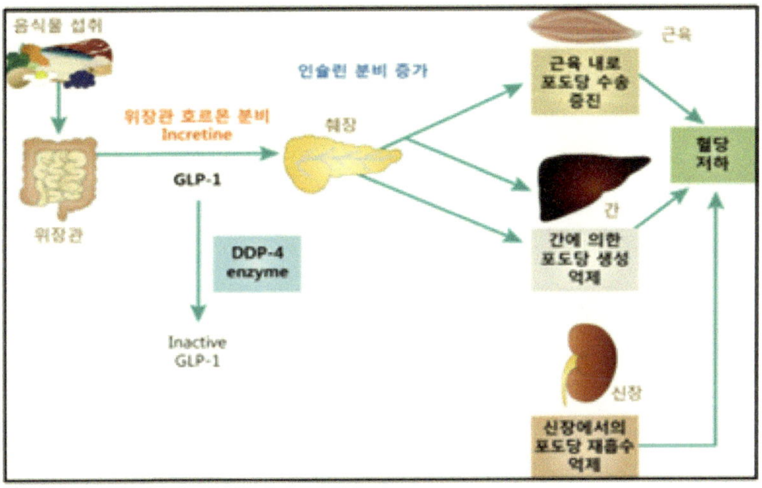

그림 2-37 혈당 대사 조절 기전

① 포도당 흡수 조절 기전

포도당의 흡수는 식이로 섭취한 탄수화물이 소장 내 소화 효소를 통해 장내에서 일차로 흡수가 되며, 조직에서의 사용을 위해 세포 내로 운반되게 된다. 또한 혈당 증가 시 신장에서는 포도당 재흡수를 증가시켜 신장에서 에너지원으로 일부 사용되며, 나머지는 체내 글리코겐으로 전환시키게 된다.

② 혈당 조절 호르몬 및 단백질

A. 인슐린

식후 혈액의 포도당 농도가 증가하면 췌장 내 베타 세포(β-cell)는 인슐린을 분비한다. 인슐린은 포도당의 세포 유입을 향상시키고, 조직 내 글리코겐으로 저장 또는 지방산으로 전환시키는데 핵심적인 역할을 하게 된다.

B. 글루카곤

혈당 감소 시 췌장 내 알파 세포(α-cell)는 글루카곤을 분비하며, 글루카곤은 간 내 글리코겐을 포도당으로 분해하여 혈당을 증가시킨다. 글루카곤은 또한 지방의 분해를 유도하여 유리지방산이 혈액으로 방출되도록 한다.

C. 소화호르몬

글루카곤양펩티드-1(glucagon like peptide-1, GLP-1)은 인크레틴 중 하나로, 장내 영양소와 혈당 농도에 자극을 받아 분비되는 호르몬으로 인슐린 분비를 유도한다. 글루카곤양펩티드-1은 인크레틴의 90% 이상의 역할을 담당하고 있으며, 상부 소화기관의 운동저하, 식욕억제 등의 기능과 더불어 베타세포를 증식시키는데도 관여한다. 체내에서는 DPP-4 (dipeptidyl peptidase4)에 의해 분해되기 때문에 GLP-1 유사제 및 DPP-4 억제제가 혈당조절제로 사용되고 있다.

D. 아디포넥틴

아디포넥틴은 지방세포에서 분비되어 근육, 간, 혈관과 같은 말초조직에서 인슐린 작용을 향상시킨다. 간 내에서 당신생합성, 지방산 축적을 저해하고, 에너지 사용을 증가시켜, 혈당을 소비하도록 하며, 궁극적으로 인슐린 저항성을 저해하고, 혈당 개선에 도움을 준다.(그림 2-38)

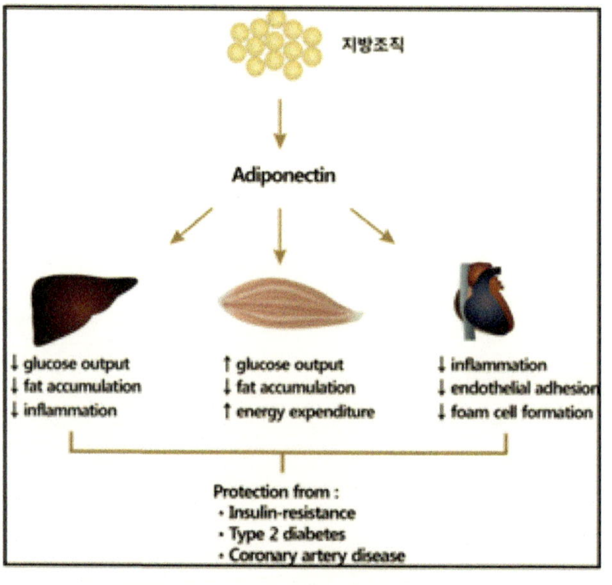

그림 2-38 아디포넥틴의 체내 대사 조절 기능
(출처 : Menzaghi et al., Diabetes 56:1198-1209, 2007)

③ 췌장 베타세포 기능

췌장의 랑게르한스섬(Langerhans islet)은 다른 호르몬들을 분비하는 세 가지 종류의 세포를 가지고 있다. 가장 많은 세포는 베타세포(β-cell)로 인슐린(insulin)호르몬을 분비하고 알파 세포(α-cell)는 글루카곤(glucagon)호르몬을 분비하며 델타 세포(δ cell)는 소마토스타틴(somatostatin, 성장억제호르몬)을 생성한다. 췌장 세포에서 분비되는 인슐린과 글루카곤에 의해 주로 혈당 조절이 이루어지기 때문에 췌장 베타세포의 정상적인 기능은 혈당조절 시 필수적이다.

④ 당 대사

혈당 수준에 의해 세포내에서는 해당과정 또는 당신생과정을 진행하게 된다. 세포 내 포도당 부족 시에는 간 내 글리코겐 분해, 당 신생작용을 진행하게 되며, 당 신생 작용시 phosphoenolpyruvate carboxykinase(PEPCK), glucose-6-phosphate가 핵심 기전요소로 작용한다. 에너지 사용을 위한 해당과정에서는 glucokinse(GK)가 핵심 효소로 작용한다(그림 2-39).

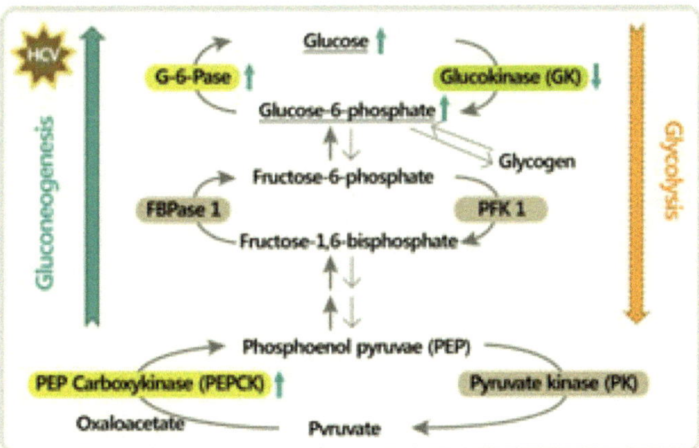

그림 2-39 간 내 당 대사 기전 (출처 : Shoji et al., Fornt Microbiol. 10;2:278, 2012)

⑤ 인슐린 신호전달 체계

정상인의 경우 혈당 증가 시 췌장에서 인슐린이 분비되고, 각 조직의 세포막에 있는 인슐린수용체(insulin receptor, IR)가 결합한다. 인슐린 수용체와 결합시 세포내 GLUT-2 혹은 GLUT4 등의 운반체가 이동하게 되며, 세포 내로 유입된 혈당에 의해 PI3K, PTP1B, GSK3 등의 일련의 신호전달체계를 통해 혈당을 조절하게 된다.

3) 당뇨의 진단 기준

2018 미국당뇨학회 및 2015 대한당뇨병학회 당뇨병 진단 기준은 표 2-12과 같다.

<표 2-12 2018년 미국당뇨학회(ADA) 및 2015 대한당뇨병학회 당뇨병 진단 기준>

진단기준	2018 미국당뇨학회(ADA) 및 2015 대한당뇨병학회 진료지침위원회
장상혈당	1. 최소 8시간 공복 상태에서 혈장혈당 100 mg/dL미만 2. 75 g 경구포도당부하 2시간 후 혈장혈당 140 mg/dL미만
고위험군	1. 공복혈당장애: 공복혈장혈당 100～125 mg/dL 2. 내당능장애: 75 g 경구포도당부하 2시간 후 혈장혈당 140～199 mg/dL 3. 당화혈색소: 5.7～6.4%
당뇨병	1. 당화혈색소 6.5% 이상 2. 8시간 이상 공복혈장혈당 126 mg/dL이상 3. 75 g 경구포도당부하 2시간 후 혈장혈당 200 mg/dL이상

(2) 혈당 조절의 의의

정상적인 상태에서는 식사 후 혈당이 일시적으로 올라가지만, 인슐린에 의하여 다시 정상수준으로 내려가게 된다. 그러나 췌장에서 인슐린 분비가 잘 안되거나, 분비가 되더라도 그 기능을 제대로 하지 못하게 되면, 식사 후 혈당이 정상 수준으로 내려가지 않게 된다. 즉 체내에서 포도당을 에너지원으로 사용하지 못하고, 밖으로 배출하게 된다. 만성 고혈당은 합병증 및 사망률과 밀접하게 연관이 있으며, 특히 혈관과 신경에 손상을 주어 혈액순환과 신경기능 이상을 초래한다. 백내장, 지방간, 급·만성 감염증, 심혈관계질환 등을 유도하며, 만성합병증 중 미세혈관 합병증은 당뇨병성망막병증, 당뇨병성신증을 유발한다.

혈당을 정상으로 유지하기 위해서는 무엇보다 식이 조절이 중요하다. 식이 조절은 식사 후 혈당을 정상 수준으로 유지하는 데 중요한 역할을 한다. 소화 흡수가 빠른 단순당(과일, 설탕, 꿀, 청량음료 등)은 혈당을 급격하게 높여 좋지 않은 반면, 식이섬유소가 풍부한 잡곡, 현미, 채소 등은 당질 흡수가 느리게 일어나 혈당이 높아지는 속도를 늦추어 혈당 조절에 도움을 줄 수 있다. 또한 식사를 천천히 하는 습관이나 과식하지 않는 습관은 정상 혈당 유지에 많은 도움을 줄 수 있다. 또한 30분 정도 중간 강도의 운동과 건강한 식사로 제 2형 당뇨병 위험률을 크게 낮출 수 있다.

(3) 바이오마커(표2-13)

구분	바이오마커	측정 가능한 연구유형		
		In vitro	*In vivo*	Human
혈당 수준	공복혈당(혈장)		O	O
	식후혈당(혈장)		O	O
	경구당부하검사(OGTT)		O	O
	당화혈색소(HbA1C)		O	O
포도당 흡수	GLUT2	O	O	
	SGLT1	O	O	
	alpha-glucosidase	O	O	
	alpha-amylase	O	O	
호르몬 및 관련 단백질	인슐린		O	O
	HOMA-IR			O
	아디포넥틴	O	O	O
	GLP-1	O	O	O
	DPP-4	O	O	O
베타세포기능 (β-cell function)	세포생활성	O	O	
	공복 혈장 C-펩티드	O	O	
	세포 및 조직 인슐린 함유도	O	O	
	세포 및 조직 인슐린 합성능	O	O	
당 대사	PEPCK	O	O	
	Glucose-6-phosphatase	O	O	
	Glucokinase	O	O	
	GLUT-4	O	O	
인슐린 신호전달	IR	O	O	
	PI3K	O	O	
	PTP1B	O	O	
	GSK3	O	O	

(4) 제품 개발 사례

1) 제목 : 천연물을 이용한 혈당조절 건강기능성 식품의 개발(2007년)

2) 대상 물질 : 지각·상엽추출물

3) 연구 내용 요약

- 완제품 (경질캡슐 제조)
- 항당뇨 *in vivo/in vitro* 검색계를 잉용한 활성 및 작용기전 연구
  → 제1형 및 제2형 당뇨별 모델에 대한 조절 효과 확인
  → 제1형 모델에서는 지각, 상엽의 단독투여만으로도 효과 확인
  → 허혈성 심질환 모델에 대한 지각 성분 효과 확인 등
- 원료생약 규격화 및 품질관리체계확립
- 원료생약 성분 연구 및 지표성분 제조
  → 지각: hesperridine, 상엽: 1-deoxynojirimycin
- 식약처에서 요구하는 시험법 확립 및 규격설정, 제조공정 최적화
- 개별인정형 건강기능식품 임상시험 (60명 대상)

4) 관련 data

(1) 3 months

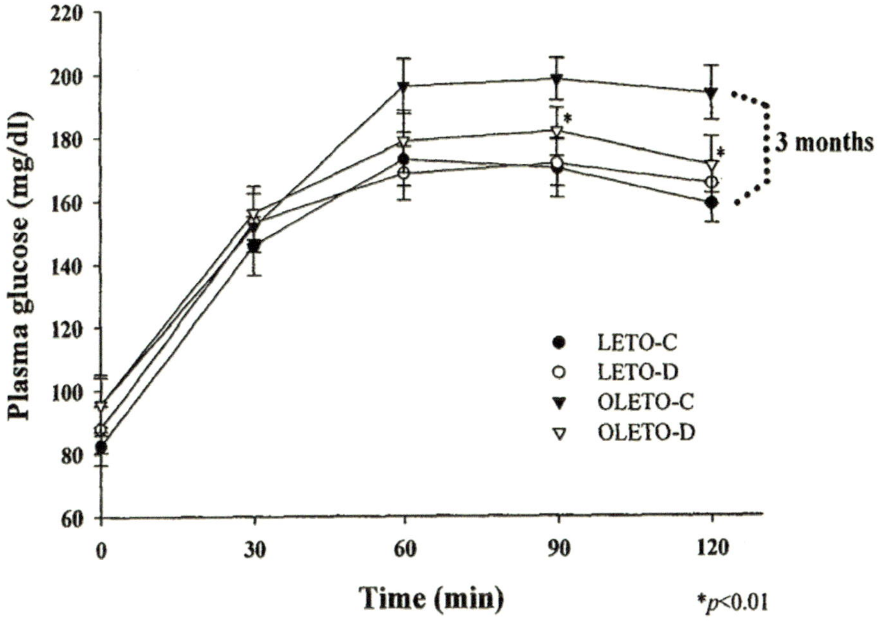

LETO- C		LETO-D		OLETO-C		OLETO-D	
82.5	6.1	87.8	7.3	95.6	8.7	95.6	9.7
145.8	9.3	153.2	9.3	151.8	5.4	156.2	8.6
173.2	8.5	168.7	8.5	196.2	8.6	178.8	9.8
170.3	9.3	171.9	7.3	198.4	6.6	181.9	7.6
158.8	6.2	165.3	6.8	193.8	8.5	171.2	8.9

그림 2-40 동물 실험 결과 (3개월 후)

(2) 5 months

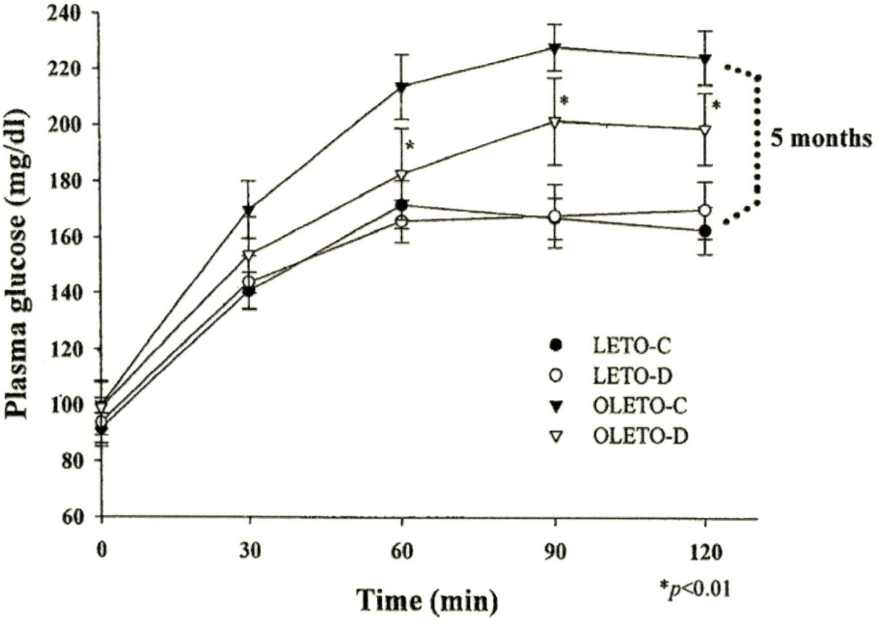

LETO- C		LETO-D		OLETO-C		OLETO-D	
91.6	5.3	93.8	8.5	99.7	8.4	98.9	9.8
140.7	6.7	143.9	9.3	169.8	10.3	153.6	13.7
171.6	8.6	165.7	7.6	213.6	11.7	182.5	16.3
166.8	7.4	167.6	11.3	227.8	8.5	201.3	15.4
162.5	8.5	169.8	10.2	224.1	9.8	198.7	12.7

그림 2-41 동물 실험 결과 (5개월 후)

Spot No	protein name	accession no.	theoretical		Sequence coverage	matched mass values
			Mr	*pI*		
1	myosin heavy chain, polypeptide 6	gi|8393804	223370	5.6	46%	16
2	general transcription factor II I repeat domain Gtf2ird1	gi|28173044	105180	5.93	26%	22
3	dynein, cytoplasmic, heavy chain 1	gi|31377489	531916	6.06	13%	34
4	similar to Zinc finger protein 647	gi|62652684	62282	8.52	35%	12
5	Chymotrypsinogen B	gi|6978717	27831	4.90	67%	9
6	chymotrypsin (EC 3.4.21.1) B precursor	gi|67571	26000	4.9	13%	8
7	Chymotrypsinogen B	gi|6978717	27831	4.90	68%	10
8	Chymotrypsinogen B	gi|6978717	27831	4.90	45%	8
9	similar to amylase 1; amylase 1, salivary	gi|34860177	56522	8.7	23%	14

그림 2-42 유효 단백질의 동정(MADI-TOF)

6. 갱년기 여성 건강

폐경기는 여성이 나이가 들면서 난소 내 난자의 수가 감소, 노화되어 에스트로겐분비가 감소되어, 월경이 더 이상 일어나지 않는 현상을 말한다.

일반적인 경우 폐경기 평균 연령은 51세이며, 보통 40대 중후반에서 시작되어 점진적으로 진행되는데, 이때부터 생리가 완전히 없어지는 폐경이 나타나기 전까지를 폐경이행기(또는 갱년기)라고 하며, 그 기간은 평균 4~7년 정도이다.

갱년기 장애는 에스트로겐의 현저한 감소로 냉증, 현기증, 발한, 월경통, 불면증 등을 함께 겪는 증세임. 또한, 자율신경계 이상증상으로 안면 홍조가 되며, 발작적으로 땀이 흐르는 반면 손발이나 허리가 매우 차갑게 되는데 이러한 것들이 갱년기 장애의 전형적인 증상이다.

정신신경 이상 증상으로는 조바심, 우울증, 불안, 기억력이나 판단력의 감퇴, 두통, 이명, 불면, 손발이 저리거나 가려움 등의 지각이상이 나타남. 그 외, 월경이상, 부정성기출혈, 외음, 질, 자궁의 위축, 고지혈증이나 골다공증이 일어난다.

여성은 폐경기가 되면 뼈 농도가 갑자기 낮아지게 되며, 같은 연령일 경우 여성이 남성보다 여섯배 가량 골다공증이 많아지며, 특히 폐경 이후 여성은 절반가량이 골다공증 환자로 알려져 있다. 시판 중인 갱년기 완화 제품들은 폐경기 여성 대상으로만 개발되어 왔으나, 사실 연령에 따른 증상도 다른 것으로 밝혀져 맞춤형 제품 개발이 필요하다. 2025년 현재 "백수오 등 복합추출물, 석류농축액, 석류추출물, 피크노제놀-프랑스해안송껍질추출물, 오미자추출물, 루바브뿌리추출물, *Lactobacillus acidophilus* YT1(HU038), 대두등추출복합물, MS-10 엉겅퀴등복합추출물, 발아발효콩추출물, 비수리추출분말, 호로파종자추출물, 대두배아유산균발효물" 등 총 13개 원료가 갱년기 여성을 위한 건강기능식품 원료로 인정 받았다.

(1) 개요

1) 여성의 갱년기

갱년기 증상을 겪게 되는 여성들은 모든 신체 기관의 기능 쇠퇴와 노화를 겪게 되는 시기로서 호르몬 변화에 따른 폐경이라는 사선을 경험하게 된다. 호르몬의 변화는 자연적인 현상이지만 갱년기증후군이라는 신체적, 심리적인 문제를 갖게 한다. 또한 가정 내에서의 자녀와 자신들의 부모 세대 사이에서의 역할 변화, 사회 경제적 책임의 증가, 퇴직 등과 같은 사회적 역할의 변화를 갖게 되는 시기로서 인생의 새로운 전환기라고 할 수 있다.

우리나라 여성의 평균 폐경 연령은 49.7세로서 여성의 평균수명이 83.8세로 발표되고 있다. 이를 고려하면 여성들은 일생 중 30년 동안의 폐경상태로 살게 된다. 해마다 증가하고 있는 노인들의 평균수명을 감안한다면 이러한 중년의 갱년기 관련 증상은 여성의 중요한 건강문제라고 할 수 있다.

① 폐경기의 분류

난소기능의 퇴화는 35세 이후부터 시작되며 폐경은 월경이 완전히 정지 된 후 1년이 지난 시기부터 폐경(menopause)이라고 정의한다. 갱년기로의 전환 과정은 몇 년에 걸쳐 호르몬 변화를 포함하며, 폐경에 이르기까지의 시간을 의미하는 것으로 12개월 연속 생리를 하지 않은 경우 자연 폐경이라고 확정하게 된다. 폐경은 생리의 영구적인 끝으로서 여성에 있어 질병이 아닌 노화과정의 하나로 자연적으로 발생하거나, 수술, 화학 요법, 또는 방사선에 의해서도 발생할 수 있다. 여성호르몬의 점진적인 감소로 폐경기는 폐경전, 폐경, 폐경후의 기간을 갖게 되고 생리적, 심리적인 증상이 나타난다. (표 2-14)

<표 2-14. 여성들의 폐경기 분류>

폐경기 분류	정의	증상
폐경이행기 (Premenopause, menopausal transition)	월경주기가 일반적으로 규칙적이고 지난 3개월 이내에 월경을 한 경우	에스트로겐저하 생리불순 안면홍조
폐경 (perimenopause)	월경주기가 불규칙적이고 최종 월경일이 12개월 이내인 경우	성선자극호르몬에 반응하는 난포의 고갈로 난포형성과 에스트로겐 생성 중단
폐경후 (postmenopause)	폐경이후의 시기로서 적어도 1년이상 월경이 없는 경우	난소기능이 정지된 상태 프로게스테론 생산 중단 안드로젠의 급격한 감소

② 갱년기의 호르몬 변화

폐경 이행기, 폐경, 폐경 이후의 시기를 모두 포함하여 갱년기라고 하며, 이 시기에는 여성 호르몬이 변화하는데, 특히 여성호르몬인 에스트로겐의 수준이 감소하게 되는 것이 특징이다. 일반적으로 에스트로겐은 난포자극호르몬(follicle stimulating hormone, FSH)과 황체 형성 호르몬(luteinizing hormone, LH)에 의해 분비가 조절된다. 시상하부(hypothalamus)에서 생식샘자극호르몬(gonadotropin-releasing hormone, GnRH)이 분비되면, 뇌하수체 전엽에서는 생식샘자극호르몬(gonadotropins)인 난포자극호르몬과 황체형성호르몬이 합성, 분비되도록 자극된다. 여성의 난소에서 황체형성호르몬은 난포막 세포(theca cell)에 작용하여 안드로겐을 분비시키며, 안드로겐은 과립막세포(granulosa cell)로 확산된다. 난포자극호르몬은 난포(follicle)를 성장시키는 주요한 작용을 하며, 과립막세포에 작용하여 안드로겐을 에스트로겐(에스트라디올, 에스트론)으로 전환시켜 분비하도록 한다.

갱년기에는 난소에서 난포의 고갈로 인해 에스트로겐(에스트라디올, 에스트론)의 분비가 감소하게 되는데, 에스트론의 감소율은 에스트라디올보다 작다. 또한 에스트로겐 수준이 감소하면서 시상하부-뇌하수체 축의 음성피드백 기전에 의해 난포자극호르몬과 황체형성호르몬의 분비가 증가하는 것이 특징이다.

③ 갱년기 증상

갱년기 호르몬의 변화와 함께 다양한 갱년기 증상을 경험할 수 있으며, 개인에 따라 경험하는 증상의 종류, 중증도, 기간에는 차이가 있다. 갱년기 장애는 정서적인 장애가 신체 증상으로 나타나지만 유기적 질병과는 상관이 없으며, 난소기능의 감소로 에스트로겐 호르몬 분비가 먼저 감소하게 되고, 프로게스테론도 감소하면서 나타나는 내분비적인 변화로서 여러 가지 증상이 복합적으로 나타나는 상태를 '갱년기 증후군'이라고 한다.

갱년기증후군 또는 폐경증후군은 안면 홍조, 사지통, 땀, 피곤, 두통, 현기증, 마비, 주의집중 결핍 등이 생리적으로 나타나고, 심리적으로 불안과 긴장, 불면증, 조울증, 슬픔과 우울증 등이 복합적으로 나타난다. 2010년도 국제여성건강연구회의 발표에 따르면 갱년기 여성들은 우울증이나 불안, 우울증이 결합된 불안 등의 영향으로 일반적인 심리장애를 겪고, 이후 65세 이상에서는 18%가 정신 질환도 동반하게 된다고 보고되었다. 이러한 심리적 불안과 복합된 우울증은 우울증 자체를 더 심화시키고, 자기평가, 예민한 신경, 쉽게 흥분하는 상태, 공황장애, 불면증, 부주의, 기억상실 등과 연관될 수 있다. 이러한 갱년기의 신체적, 정서적 상태는 건강의 심각한 위험요인이 될 수 있다. 우리나라 중년여성의 폐경기를 처음 맞이하는 기간에 나타나는 갱년기 증상은 아래의 표2-15와 같이 매우 다양함을 보이고 있으며, 초기에는 안면홍조와 같은 증상을 경험하게 되지만 중기로 가면서 피부 위축, 골다공증과 같은 신체적인 영향이 심화되는 과정을 보인다.

또한 표 2-15와 같이 폐경증상 중 안면홍조, 근육관절통, 심계항진, 발한 등의 발현 빈도가 높고, 요실금, 성교통 및 성적 불쾌감 등의 증상도 발생한다.

<표 2-15 갱년기 증상(국내 보고된 사례)>

초기 증상	중기 증상
• 안면홍조 • 야간발한: 불면증, 피로감, 우울증 • 질위축증상: 분비액감소, 성교통, 출혈, 잦은 감염 • 요로계 문제: 요실금, 빈뇨, 감염	• 피부위축 • 피부건조 • 유방처짐 • 근육통 및 관절통
폐경에 의한 정신적 증상	**폐경에 의한 만성적 위험**
• 기억력 감소 • 우울증, 불안, 초조, 무력감	• 골다공증 • 심장질환위험

2) 갱년기 여성 건강의 주요 증상 및 조절 기전

갱년기 여성 건강의 주요 증상은 체내 에스트로겐 농도의 저하로 인해 발생하며, 에스트로겐 신호전달은 에스트로겐 수용체를 매개하여 일어난다. 에스트로겐 수용체에는 핵에 위치하고 있는 에스트로겐 수용체-α(estrogen receptor-α)와 에스트로겐 수용체-β(estrogen receptor-β), 세포막에 위치한 GPR30(G protein-coupled receptor 30)이 있다. 에스트로겐 수용체의 분포는 조직에 따라 다르며 다양한 조직에 분포되어 있다(표 2-16).

따라서 갱년기에 에스트로겐이 감소하면서 에스트로겐 수용체가 분포되어 있는 다양한 조직에서 증상들이 나타나게 되는 것이다.

<표 2-16 에스트로겐 수용체의 분포>

에스트로겐 수용체의 종류	조직 내 분포
에스트로겐 수용체-α	자궁, 부고환, 뼈, 유방, 간, 신장, 백색지방조직(white adipose tissue), 전립선, 난포막세포(theca cell), 난소질세포(interstitial cell), 고환 라이디히세포(Leydig cell), 뇌(편도(amygdala), 분계섬유줄(stria terminals), 중심회백질, 시각교차앞구역)
에스트로겐 수용체-β	장, 고환, 골수, 혈관 내피, 폐, 방광, 전립선 상피, 난소과립막세포(granulosa cell), 뇌(편도(amygdala), 분계섬유줄(stria terminals), 솔기핵(raphe nuclei)
GPR30 (G proteincoupled receptor 30)	부신수질(adrenal medulla), 신우(renal pelvis), 난소, 뇌(소뇌, 해마, 시상하부, 같은 겉질(isocortex), 청반(locus coeruleus), 다리뇌핵 (pontine nuclei), 시각교차앞구역, 척수삼차신경핵 등)

① 비뇨생식기 위축(Urogenital atrophy)

비뇨생식기 관련 증상들은 갱년기에 나타나는 일반적인 증상으로, 갱년기여성의 50% 이상이 경험한다고 한다. 비뇨생식기 증상들은 삶의 질에 영향을 줄 수 있는 다양한 증상들을 동반할 수 있다. 비뇨생식기(질, 요도) 전반에는 에스트로겐과 프로게스테론 수용체가 분포되어 있으며, 갱년기의 호르몬 변화에 민감하게 반응하게 된다. 갱년기의 비뇨생식기에서 나타나는 특징적인 변화들은 상피 두께가 얇아지고, 혈관분포가 감소하고, 근육 부피가 감소하는 것이다. 따라서 질 건조증, 가려움증, 성교통, 배뇨통, 야뇨증, 급뇨, 방광염 재발, 요실금 등의 증상이 나타나게 된다.

② 혈관 운동 증상(Vasomotor symptom)

혈관 운동 증상은 폐경 여성의 75%가 경험한다고 알려져 있으며, 주로 폐경 이행기 또는 폐경 초기에 나타나는 증상이다. 대부분의 여성이 1~2년 내외로 경험하나, 10년 이상 증상이 지속되기도 한다. 혈관운동증상의 대표적인 증상인 안면홍조(hot flush)는 얼굴·목·가슴 부위의 피부가 갑자기 붉게 변하면서 전신의 불쾌한 열감과 발한이 동반되는 것을 말한다. 안면 홍조의 발생 빈도, 지속시간, 중증도는 사람에 따라 다양하며 예측이 불가능하다. 갱년기와 관련되어 수면 중에 과도하게 땀을 흘리는 야간발한(night sweat)이 나타날 수 있다. 이러한 안면홍조와 야간 발한은 수면 패턴을 방해하고 일상생활을 변화시켜 피로를 증가시키고 삶의 질을 감소시킨다고 한다. 갱년기에 나타나는 혈관운동증상은 갱년기의 호르몬 변화에 의해 시상하부에서 체온조절의 기준 범위(thermoneutral zone)가 좁아짐으로써 심부체온이 조금만 상승해도 혈관운동 증상이 나타난다는 가설이 가장 널리 알려져 있다. 이외에도 에스트로겐 수준의 감소로 인해 혈관의 탄력성이 감소하여 내부 체온 변화에 대한 피부 혈관 반응이 지연되어 나타나거나, 갱년기의 성호르몬의 변화는 뇌의 신경전달물질(neurotransmitter)에 영향을 줌으로써 열 조절 시스템을 변화시킨다는 가설도 있다(그림 2-43).

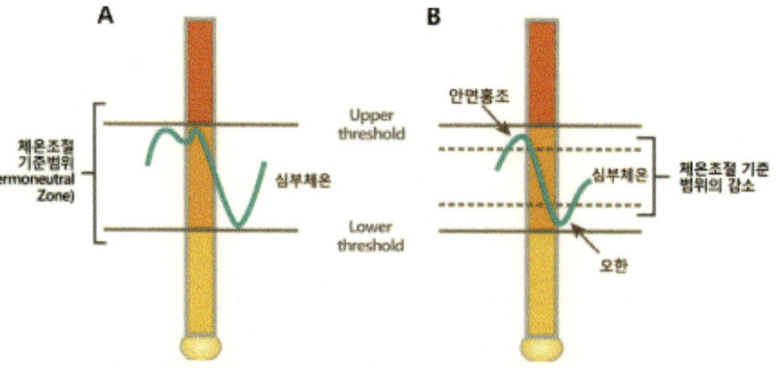

그림 2-43 갱년기 체온조절 기준범위의 변화

[출처: Deecher DC and Dorries K. Arch Womens Ment Health 10:247-257, 2007]

③ 골다공증

골다공증은 골량이 감소하고 골의 미세구조적인 변화가 나타나 작은 충격에도 쉽게 골절이 되는 대사성 질환이다. 폐경기의 에스트로겐 결핍은 골 손실을 가속화시킨다고 알려져 있으며, 에스트로겐 요법은 골다공증성 골절의 위험을 감소시킨다고 한다(그림 2-44).

에스트로겐은 골 흡수(bone resorption)를 억제한다고 알려져 있는데, 골수에서 파골세포 전구체의 양을 증가시켜 골 흡수를 증가시키는 염증성 사이토카인, 즉 IL-1, IL-6, TNF-α , GM-GSF(granulocyte macrophage colony-stimulating factor), M-CSF (macrophage colony-stimulating factor), 프로스타글란딘-E2 (prostaglandin-E2)를 감소시킨다. 그리고 에스트로겐은 TGF-β(transforming growth factor-β)를 증가시켜 파골세포의 활성을 낮추고 세포 사멸(apoptosis)를 유도하며, 조골세포에서 오스테오프로테그린(osteoprotegerin) 분비를 증가시켜 RANKL(receptor activator of nuclear factor kappa-B ligand)을 무력화시키는 역할을 한다.

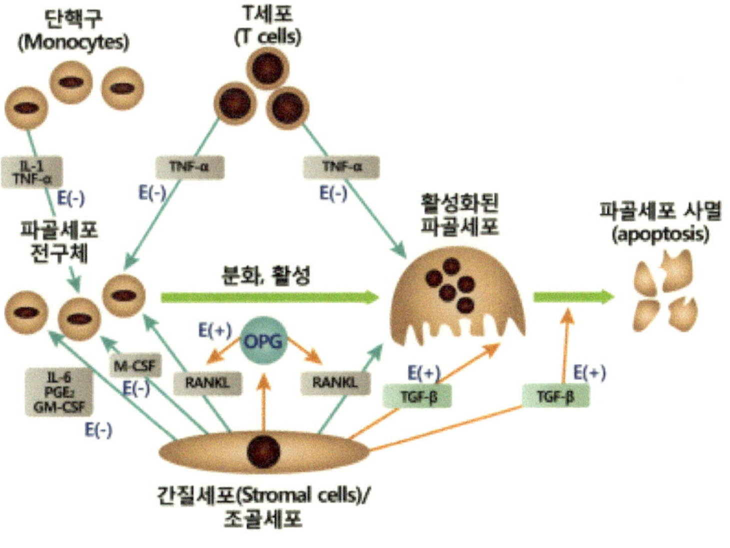

그림 2-44 에스트로겐의 골 흡수 억제 기전
(출처: Modified from Riggs BL. J Clin Invest 106(10):1203-4, 2000)

④ 심혈관계질환

여성의 심혈관계질환의 유병률은 폐경 이전에는 남성보다 낮으나, 폐경 이후로 점점 증가하여 남성의 심혈관계질환 유병률에 근접하게 된다고 한다. 많은 관찰연구에서 여성호르몬인 에스트로겐의 심혈관계질환 예방 효과를 확인할 수 있었으며, 갱년기의 에스트로겐 감소는 심혈관질환의 주요 위험 요인으로 여겨지고 있다.

에스트로겐은 혈관내피세포(vascular endothelial cell)에 존재하는 에스트로겐 수용체를 통해 내피 산화질소 합성효소(endothelial nitric oxidesynthase)를 활성화시킴으로써 산화질소(nitric oxide)를 생성시켜 혈관 평활근세포를 이완시키고 혈소판의 활성을 억제한다.

또한 여러 연구에서 에스트로겐은 혈중 HDL 콜레스테롤 수준을 증가시키고, LDL 콜레스테롤 및 중성지질을 감소시킨다는 것이 보고되어 있어, 혈중 지질 수준을 조절함으로써 심혈관 질환의 위험을 낮춘다. 그리고 에스트로겐은 혈액 응고와 섬유소용해(fibrinolysis)를 조절하며, 항산화제처럼 작용하여 LDL 콜레스테롤의 산화를 억제하는 작용을 한다.

⑤ 심리적 증상

갱년기에는 우울, 기억력 상실, 과민반응(irritability), 집중력 저하, 피로, 자신감 상실 등의 다양한 심리적 증상이 나타난다고 알려져 있으나, 아직 명확한 기전은 불분명하다. 다만, 에스트로겐은 세로토닌(serotonin)을 포함하는 신경전달물질(neurotransmitter)들에 영향을 준다고 보고되고 있으며, 폐경에 따른 에스트로겐 감소는 세로토닌의 분비를 감소시키게 된다. 일반적으로 뇌의 세로토닌 수준 감소는 우울증의 원인으로 알려져 있다. 세로토닌은 신경조절물질(neuromodulator)로서의 역할도 하는데, 흥분성 신경전달물질인 글루타메이트(glutamate)의 효과를 증대시키고, 카테콜라민(catecholamine)에 대한 민감성을 증가시킨다.

그러나, 여성에게 폐경은 생식능력이 끝난다는 생리학적인 현상을 의미할 뿐만 아니라 여성으로 하여금 젊음과 여성성을 상실한다는 심리학적인 현상을 의미하기도 한다. 따라서 심리적인 증상은 에스트로겐의 결핍으로만 설명되지는 않는다.

(2) 여성 갱년기 건강의 의의

갱년기 여성의 건강은 개인의 삶의 질뿐 아니라 가족·사회 전체의 건강 수준과도 밀접하게 연관된다는 점에서 매우 중요하다. 갱년기는 난소 기능이 저하되며 에스트로겐 분비가 급격히 감소하는 생리적 전환기이며, 이 호르몬 변화는 신체·정신·대사 전반에 영향을 준다. 특히 안면홍조·발한·수면장애·기분변화 같은 급성 증상은 일상생활의 집중력과 생산성을 떨어뜨릴 수 있고, 장기적으로는 골다공증, 근감소증, 비만 증가, 심혈관질환 위험 상승 등 만성질환의 발생률을 높인다. 또한 갱년기 이후 체지방 분포 변화와 인슐린 저항성 증가는 대사증후군 위험을 높여 건강관리가 더욱 필수적이다.

정신건강 측면에서도 불안, 우울, 인지기능 저하 등이 나타날 수 있어 정서적 지지와 적절한 상담이 필요하다. 이 시기에 올바른 생활습관 관리—규칙적 운동, 균형 잡힌 영양, 충분한 수면, 스트레스 완화—는 갱년기 증상 완화와 만성질환 예방에 핵심적이다. 필요 시 호르몬 치료나 건강기능식품 활용도 고려할 수 있으나 개인별 위험도 평가가 중요하다. 결국 갱년기는 단순한 '노화의 시작'이 아니라, 이후 수십 년의 건강을 결정짓는 전환점이며, 여성 스스로의 건강 주도권을 강화하는 중요한 시기라고 볼 수 있다.

(3) 바이오마커(표 2-17)

구분	바이오마커 도메인	주요 바이오마커	측정 가능한 연구유형		
			In vitro	*In vivo*	Human
에스트로겐 활성	유전자/단백질 발현	에스트로겐수용체-α, β활성화 및 단백질발현	○	○	
	에스트로겐 반응유전자	ESR1, pS2, mRNA expressionn	○		
	에스트로겐 신호전달	AKT, Extracellular signal-regulated kinase(ERK) 단백질발현		○	
		Ligand-binding	○		
비뇨기계의 변화	질 상태변화	질 각질화 시험		○	
		질성숙지수			○
		질 pH			○
신경전달 물질	신경전달 물질	세로토닌		○	
		노르에피네프린		○	
심혈관 건강	혈관이완	Endothelin-1,산화질소(NO),Endothelia lnitricoxidesynthase(eNOS) 등	○	○	○
	혈중지질 수준	중성지방, 총콜레스테롤, LDL-콜레스테롤, HDL-콜레스테롤		○	○
골대사	골흡수	NTx,CTx 등		○	○
	골형성	오스테오칼신, 알칼리 인산분해효소 등	○	○	○

주관적 평가 지표	갱년기지수	Kupperman index(KI), Modified KI			○
		menopause Rating Scale(MRS)			○
		Menopause-Specific Quality of Life (MENQOL) score			○
		Women's Health Questionnaire(WHQ)			○
		Greene Climacteric Scale			○
		Menopause Quality of life scale (MQOL)			○
	안면홍조 척도	안면홍조점수			○
		안면홍조 정도			○
		발한의 정도			○
		안면홍조 1회 지속시간			○
	우울/불안 척도	Beck 우울척도			○
		상태-특성불안척도(STAI score)			○
		Hospital Anxiety and Depression Scale			○
	수면의질	Athens Insomnia Scale			○
안전성 평가 지표		Sex hormones (E2, FSH, LH)		○	○
		Routine blood chemistry		○	○
		urine chemistry			○
		유방밀도(mammographic density)			○
		자궁내막의 두께			○

(4) 제품 개발 사례

1) 제목 : 콩 발아배아 추출물을 포함하는 갱년기 개선 건강기능식품 개발(2018년)

2) 연구 요약 (표2-18)

구분	내용
인체적용식품	SGE(콩발아배아주정추출분말)
인체적용대상 및 선정기준	만40세~만60세의 갱년기 증상을 호소하는 폐경기 여성 90명 1) 마지막 생리 후 1년 이상 경과했거나 또는 자궁이 없는 경우 FSH30mIU/ml 이상인 만40세~만60세 여성 2) kupperman Index점수가 20이상인 여성 3) 인체적용시험이 시작되기 전에 본 인체적용시험의 참여를 동의하고, 서면동의서(Informedconsent)를 작성한 여성
선정 제외 기준	1) 체질량지수(BMI: BodyMass Index)가 30kg/m^{2}초과인 자 2) 3개월 이내에 여성호르몬 등의 호르몬제제 또는 유사호르몬제제(식물추출물 등)를 사용한 자 3) 자궁내막증식증, 자궁내막암, 유방암 또는 유방질환 의증, 성호르몬 관련 암 등의 과거력이 있는 자 4) 최근 1년 이내 심한 편두통이 있거나, 혈전색전증, 뇌혈관질환, 심근경색, 불안정형 협심들을 진단 받았거나 관상동맥 성형술을 시행한 과거력이 있는 자 5) 우울증, 불안장애 등의 심한 정신질환이 있거나, 현재 항우울제 등 정신신경계약물을 복용중인 자 6) 폐경 1년 이후 부정형 자궁출혈이 있는 자 7) 조절되지 않는 고혈압 환자 (160/100mmHg 이상, 인체적용시험 대상자 10분 안정후 측정기준) 8) 혈당이 조절되지 않는 당뇨병 환자(공복혈당180mg/dL 이상 또는 3개월 이내에 당뇨로 인해 약제를 새로 시작하는 경우) 9) 조절되지 않는 갑상선 질환이 있는 자(시험자에 의해 본 인체적용 시험에 참여가 가능하다고 판단되는 자는 참여가능) 10) 약물이나 알코올남용자 11) ALT또는 AST가 시험기관 정상 상한치의 3배를 초과하는 경우 12) Creatinine이 시험기관 정상 상한치의 2배를 초과하는 경우 13) Mammography/PAP smear상 임상적으로 유의한 이상 (BI-RADS Category 0 또는 3 이상, PAP smear의 경우 ASCUS까지는 이상이 없음)이 확인되는 경우(단, BI-RADS Category 0인 경우 시험자 판단하에 등록가능함) 14) 본 인체적용시험 시작 1개월 이내에 다른 임상시험에 참여했거나 시험기간 중에 다른 임상시험에 참가할 계획이 있는 경우 15) 시험자가 본 인체적용시험에 부적절하다고 판단하는 경우 16) 3개월 이내에 갑상선 호르몬제제, Clonidine,항응고제 또는 항혈전제(Warfarin, Clopidogrel등)를 사용한 자 17) 1개월내 여성 갱년기 관련 의약품 또는 건강기능식품을 복용한 자 18) Bisphosphonate제제 등 골다공증 치료제를 복용 또는 투여하고 있는 자

인체적용 시험목적	갱년기 여성을 대상으로 SGE를 섭취했을 때 대조식품(placebo)과 비교하여 갱년기 증상 개선에 미치는 유효성 및 안전성을 평가
인체적용시험용 식품 섭취방법	• 시험군: 1일1회, 1회 2캡슐을 식후 30분에 섭취(콩발아배아주정추출분말로써 350mg/day) • 대조군(placebo): 시험군과 동일한 방법으로 섭취
인체적용시험용 식품 섭취기간	12주
유효성 평가	• 1차유효성평가 1) KMI (Kupperman Index, 11가지항목) 총점 • 2차유효성평가 1) Modified KMI의 개별 항목 점수(KMI 11가지 항목,질 건조 항목) 2) 혈중ALP, OC 3) 혈중CTx
안전성 평가	1) 이상반응 2) 임상병리검사(혈액학적/혈액화학적검사,뇨검사) 3) 활력징후(맥박,혈압),체중 4) E2, FSH 5) 자궁내막두께
통계 분석	**1. 유효성** **1) 1차유효성평가변수** 1차 유효성평가인 KMI (kupperman Index, 11가지 항목) 총점의 섭취 전후 변화의 정도는 Paired t-test를 이용하여 분석하고, 각 시점에서의 군간 변화의 정도는 ANCOVA와 Two sample t-test를 실시하여 통계적으로 유의한 차이가 있는지 평가한다. 단, 정규성이 심각하게 위배되는 경우로 그 변환방법 (logarithm transformation)등의 변수변환을 실시한 후 검정하거나 비모수검정법인 Wilcoxon rank sum test를 실시할 수 있다. **2) 2차유효성평가변수** 2차 유효성 평가인 ModifiedKMI의 개별 항목 점수 (KMI 11가지 항목,질 건조 항목), 혈중ALP, 혈중OC, 혈중CTx의 섭취 전후 변화의 정도는 Paired t-test를 이용하여 분석하고, 각 시점에서의 군간 변화의 정도는 ANCOVA와 Two sample t-test를 실시하여 통계적으로 유의한 차이가 있는지 평가한다. 단,정규성이 심각하게 위배되는 경우로 그 변환방법 (logarithm transformation)등의 변수변환을 실시한 후 검정하거나 비모수검정법인 Wilcoxon ranksum test를 실시할 수 있다.

통계 분석	2. 안전성 1) 이상반응 인체적용시험용 식품 섭취 후 발생한 이상반응 (treatment-emergent adverse events, TEAEs)은 MedDRA preferred term에 따라 Coding하며,인체적용시험용 식품 섭취 후 발생한 모든 이상반응을 도표화한 후 발생률을 산출하여 평가한다. 각 군간 이상반응이 발생한 인체적용시험 대상자의 비율을 계산하고 카이제곱검정(Chi-square test)또는 피셔의 정확검정 (Fisher's exact test)을 이용하여 비교 분석한다. 2) 임상병리검사 혈액학적 및 혈액화학적 검사치와 같이 연속형 (Continuous type)자료의 군내 비교는 Paired t-test를 이용하고,군간 비교는 Two sample t-test를 이용하여 분석한다. 뇨검사의 일부 측정변수의 경우는 정상과 비정상으로 나누어 McNemar test를 실시하여 군내 차이를 비교한다. 3) 활력징후(혈압·맥박),체중 활력징후(혈압·맥박),체중검사치에 대하여 섭취 전과 후의 차이에 대한 군내 비교는 Paired t-test를 이용하고,군간 비교는 Two sample t-test를 이용하여 분석한다. 4) E2, FSH E2, FSH검사치에 대하여 섭취 전과 후의 차이에 대한 군내 비교는 Paired t-test를 이용하여 분석하고, 군간 비교는 Two sample t-test를 이용하여 분석한다. 5) 자궁내막두께 자궁내막 두께 측정치에 대하여 섭취 전과 후의 차이에 대한 군내 비교는 Paired t-test를 이용하여 분석하고, 군간 비교는 Two sample t-test를 이용하여 분석한다.

3) 연구 수행 자료

○ "콩발아배아주정추출분말"의 Soyasaponin 1 평균함량은 한국기능식품연구원의 시험성적서 상에서 74.0 mg/g으로 검출되었다. 따라서 "콩발아배아주정추출분말"의 Soyasaponin 1 규격을 검출함량의 약 80~120% 범위로 설정하여 59~88 mg/g으로 설정하였다.

○ Soyasaponin 1 : 한국기능식품연구원 시험기관 성적서 [첨부]

[검사기관명 : 한국기능식품연구원]

Lot No. / 반복수	1 (Lot FKA1170401)	2 (Lot FKA1170711)	3 (Lot FKA1180206)	평균
1반복	74.83	74.63	75.60	
2반복	74.90	74.90	75.52	
3반복	74.67	74.71	75.85	
평균	74.80	74.75	75.66	74

○ 표준품 정보 : Soyasaponin 1

■ 시판되는 표준품	표준품명	Soyasaponin 1
	제조·판매회사명	Sigma-Aldrich Korea
	구조식	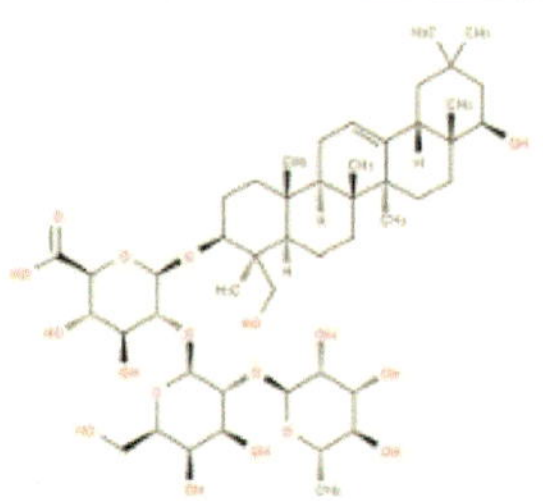
	CAS No.	51330-27-9

그림 2-45 콩발아배아주정추출분말의 지표성분 분석법 밸리데이션

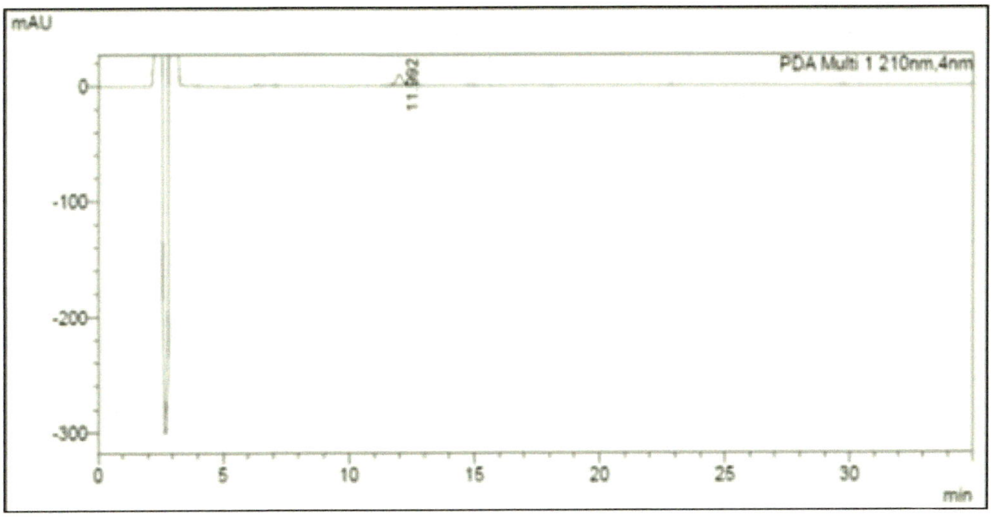

표준용액

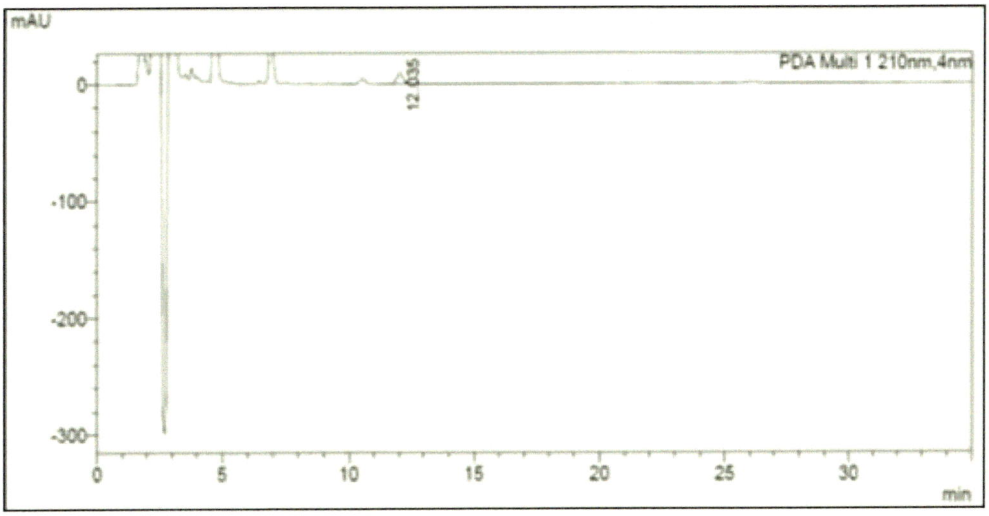

시험용액

그림 2-46 표준용액과 시험용액 중 Soyasaponin I 의 크로마토그램

(별표)정밀검사 대상 잔류농약 검사항목

1. 동시다분석 검사대상 : 58종

다이아지논(Diazinon), 디디티(DDT), 디코폴(Dicofol), 디크로보스(Dichlorvos), 말라치온(Malathion), 메소밀(Methomyl), 메톡시페노자이드(Methoxyfenozide), 메티다치온(Methidathion), 보스칼리드(Boscalid), 비에치씨(BHC), 비펜스린(Bifenthrin), 싸이퍼메쓰린(Cypermethrin), 싸이프로디닐(Cyprodinil), 싸이할로쓰린(Cyhalothrin), 아세타미프리드(Acetamiprid), 아족시스트로빈(Azoxystrobin), 아트라진(Atrazine), 에치온(Ethion), 엔도설판(Endosulfan), 이마자릴(Imazalil), 이소프로치오란(Isoprothiolane), 이프로디온(Iprodione), 카바릴(Carbaryl), 카보후란(Carbofuran), 캡탄(Captan), 퀸토젠(Quintozene), 클로로타로닐(Chlorothalonil), 클로르피리포스(Chlorpyrifos), 클로르피리포스-메틸(Chlorpyrifos-methyl), 클로르훼나피르(Chlorfenapyr), 톨크로포스-메칠(Tolclofos-methyl), 트리아디메폰(Triadimefon), 트리아조포스(Triazophos), 트리프루미졸(Triflumizole), 트리플루무론(Triflumuron), 티아메톡삼(Thiamethoxam), 파라치온(Parathion), 파라티온-메틸(Parathion-Methyl), 파클로부트라졸(Paclobutrazol), 퍼메쓰린(Permethrin), 페나리몰(Fenarimol), 페니트로치온(Fenitrothion), 펜발러레이트(Fenvalerate), 펜토에이트(Phenthoate), 펜프로파스린(Fenpropathrin), 펜헥사미드(Fenhexamid), 포스메트(Phosmet), 프로시미돈(Procymidone), 프로클로라즈(Prochloraz), 프로페노포스(Profenofos), 플루벤디아마이드(Flubendiamide), 플루페녹수론(Flufenoxuron), 피라크로스트로빈(Pyraclostrobin), 피리메타닐(Pyrimethanil), 피리미카브(Pirimicarb), 피리미포스-메틸(Pirimiphos-methyl), 후루디옥소닐(Fludioxonil), 디메토에이트(Dimethoate)

그림 2-47 안전성 확보를 위한 잔류농약 검사항목

학술지정보	Journal of Medicinal Food
논문제목	Characterization of soybean germinated embryo extract as an estrogen receptor subtype-selective and tissue-specific modulator
연구목적	콩발아배아주정추출물의 에스트로겐활성을 세포 수준에서 확인하며, 더나아가 선택적 에스트로겐 수용체 활성이 있는지 보기 위함. 에스트로겐 수용체는 α와 β 두가지 subtype이 있으며, 에스트로겐 수용체 β 활성시 역기능(유방암 발생 등)보다는 순기능(갱년기 증상 완화, 골다공증 개선)의 역할을 담당하는 것으로 보고됨.
연구유형	in vitro
시험계	콩발아배아주정추출물을 in vitro에서 다양한 세포주를 이용하여 에스트로겐 수용체 α 또는 β를 선택적으로 활성을 일으키는지 실험 분석. Estradiol(E2)와 이소플라본을 대조군(positive control)으로 사용하였다. ICI182,780을 Negative control로 사용하였다.
시험물질	콩배아를 침지후 발아시키고 80% 주정에 80℃에서 추출을 진행하였다. 추출물을 여과, 농축, 분무건조를 통해 콩발아배아주정추출분말을 얻었다.
대조군	▣ control ▣ positive control ▣ negative control
시험군	① Cell proliferation assay : 에스트로겐에 반응하는 세포 (MCF-7) 처리를 통한 세포 생장 증감을 MTT 처리를 통하여 측정. 에스트로겐 수용체 및 프로게스테론 수용체가 발현되지 않는 세포(MDA-MB-231)과 비교실험을 통해 에스트로겐 활성을 확인. ② Reporter gene assay : ERE-luciferase plasmid를 MCF-7 세포주, HEK세포주에 transfection시켜 에스트로겐활성을 확인함. 에스트로겐 수용체가 없는 HEK에 에스트로겐 수용체를 선택적으로 발현시켜 에스트로겐 수용체 선택성 또한 분석함
바이오마커	① Cell proliferation assay : 처리후 72시간 동안 배양한 세포의 생장 정도를 MTT로 정량 ② Reporter gene assay : 에스트로겐 활성을 통해 발현된 luciferase 활성을 형광계로 측정
통계처리	① Cell proliferation assay : 3반복 실험 평균 및 표준편차 ② Reporter gene assay : 3반복 실험 평균 및 표준편차
시험결과	- 에스트로겐 반응 세포주(MCF-7)의 생장이 콩발아배아 처리후 생장이 증가하는 것을 확인함. 에스트로겐 수용체가 없는 세포주(MDA-MB-231)는 처리후에도 생장이 증가하지 않는 것을 확인함으로 콩발아배아주정추출물이 에스트로겐 활성이 있음을 확인함. - Reporter gene assay를 통해 콩발아배아주정추출물이 에스트로겐 활성 및 에스트로겐 수용체 β를 선택적으로 활성을 유발하는 것을 확인함

그림 2-48 시험관 시험 요약본

학술지정보	Journal of Medicinal Food
논문제목	Characterization of soybean germinated embryo extract as an estrogen receptor subtype-selective and tissue-specific modulator
연구목적	난소적출 (OVX) 랫드를 이용한 여성갱년기 동물모델을 이용하여 에스트로겐 활성(β 수용체 활성 포함), 에스트로겐 수용체 발현량 및 체온 변화, 자궁 무게 변화에 대한 콩발아배아주정추출물의 in vivo 효과를 동물실험을 통해 확인
연구유형	동물시험
Species	Rat
Age	8주령
Strain	Spraque-Dawley (SD)
Sex	☐ male ▣ female
시험물질	콩배아를 침지후 발아시키고 80% 주정에 80℃에서 추출을 진행하였다. 추출물을 여과, 농축, 분무건조를 통해 콩발아배아주정추출분말을 얻었다.
투입형태	☐ 식이 ☐ 음료 ▣ 강제경구 ☐ 기타
시험디자인 – 대조군 – placebo	총 36마리의 rats 중 6마리는 control군으로 olive oil 섭취
시험디자인 – 대조군 – positive	Rat 6마리는 positive control군으로 E2 섭취 (0.5mg/kg/d)
시험디자인 – 대조군 – negative	
시험디자인 – 시험군	Rat 6마리씩 3개 군으로 콩발아배아주정추출물 저, 중, 고농도로 섭취. 추가로 1개군은 reference군으로 이소플라본을 섭취
시험디자인 – 디자인	총 36마리의 Rat을 6그룹(대조군, E2 섭취군, 콩발아배아 저, 중, 고농도 섭취군, 이소플라본 섭취군)으로 나누어 식이와 물을 28일 동안 자유롭게 섭취
섭취량	콩발아배아주정추출물 저농도(12.5mg/kg), 중농도 (25mg/kg), 고농도(50mg/kg). 이소플라본 섭취농도는 18mg/kg.
섭취기간	4주
바이오마커	체중, 자궁 중량, 꼬리 체온, 자궁 조직내 에스트로겐 관련 유전자 발현량 측정 (에스트로겐 수용체 α와 β, progesterone receptor, estrogen-enhanced transcript-1)
통계처리	그룹별 6마리 rat에 대한 평균과 표준편차, Bonferroni post hoc test와 ANOVA, F test 수행, 유의수준은 5% 미만으로 설정
시험결과	- E2 섭취군에서는 체중대비 자궁 중량이 1.4배 증가한 반면, 콩발아배아 섭취군에서는 자궁 중량 증가가 없음을 확인함. 이로써 자궁내막 증식과 같은 부작용이 없음을 확인 - 에스트로겐 반응 유전자 발현 : PR 유전자는 콩발아배아 고농도에서 4.9배 증가, EET-1 유전자는 5.1배 증가하는것을 확인함 : 에스트로겐 수용체 α 유전자는 콩발아배아 중농도에서 3.2배 증가하였으며, 에스트로겐 수용체 β는 콩발아배아 고농도 섭취군에서 3.8배 증가함을 확인함으로 in vivo상 콩발아배아주정추출물의 에스트로겐 활성을 확인할 수 있었음. - 꼬리 온도 측정 실험에서는 대조군이 1±0.5℃ 온도 증가를 확인하였고, 콩발아배아 섭취군에서는 - 2.2±0.24(중농도), -2.3±0.2(고농도)의 온도 감소를 확인함에 따라, 에스트로겐 감소로 인한 체온 증가를 개선하는 것을 확인함. 이러한 결과는 콩발아배아주정추출물이 대표적인 여성갱년기 증상인 안면 홍조를 개선할 가능성이 높다는 것을 시사함.

그림 2-49 동물시험 요약본

7. 근력 개선

근력(muscle strength)은 단순히 신체 활동을 수행하는데 필요한 물리적 힘 이상의 의미를 지닌다. 근력은 인간의 기초대사량 조절, 노화 속도, 대사 건강, 면역 기능, 낙상 예방 및 골격 안정성 등 다양한 생리적 기능을 좌우하는 핵심 인자로 인식되고 있다. 현대의학뿐 아니라 예방의학, 스포츠의학, 노인의학 분야에서는 근력을 생존 지표 또는 질병 예측 지표로 활용하는 수준까지 발전하고 있다. 실제로 사망률 연구들에서 악력(grip strength)은 여러 만성질환의 예후와 강한 연관성을 보이며, 이는 근력이 단순한 체력 요소가 아니라 '전신 건강 상태를 반영하는 지표'임을 의미한다. 2025년 현재 "오미자추출물, 강황추출물, 저분자유청단백가수분해물, 발효굴추출물, 녹용유산균발효분말, 지초추출분말" 등 총 6개의 개별 인정형 원료가 사용되고 있다.

(1) 개요

1) 인체와 근육

근육(Muscle)은 중배엽의 줄기세포에서 발현되는 조직으로 체중의 약 40~50%를 차지한다. 사람은 살아 있는 동안 움직임을 지속하게 되는데 이는 신경에 의한 근육의 수축과 이완을 통해 가능하다. 근육의 움직임은 자신의 의지대로 일상생활의 활동과 운동, 우아한 발레나 체조 등을 수행할 수도 있고, 자신의 의지와는 상관없이 움직이는 근육들도 있다. 이러한 근육은 혈관의 벽, 내장의 벽에도 있으며 몸에 털 하나를 세우는 데도 근육이 필요하다.

① 근육의 발생 및 분류

대부분의 근육은 중배엽에서 발생하지만 소수의 평활근(동공괄약근, 동공산대근, 모양체근), 유선, 모낭, 한선 등은 외배엽에서 발생한다.

② 근육의 형태

근육의 종류는 크게 세 종류로 나누어지는데 골격근(뼈대근육), 내장근, 심장근이다. 골격근은 몸무게의 약 절반을 차지하고 건을 통해 뼈에 붙어 있다. 주된 기능은 관절운동이며 자세 유지와 열생산도 한다. 체성신경계의 자극을 받아 의지대로 움직일 수 있는 수의근이다.

현미경으로 보면 골격근 세포는 다핵이며 가로무늬(횡문근)가 있다. 인체에서 가장 많은 양을 차지하고 있는 골격근 위에 피부가 위치하고 있다. 내장근은 내장벽과 혈관을 구성하고 있다. 내장과 혈관 등의 운동을 담당하고 있으며 의지대로 움직일 수 없는 불수의근이다.

내장근의 세포는 단핵이며 가로무늬(민무늬근)가 없다. 심장근은 오직 심장벽에만 존재한다. 심장근의 세포는 단핵이고, 가로무늬(횡문근)가 있으며 의지대로 움직일 수 없는 불수의근이다. 심장의 혈액을 펌프질하여 혈압을 유지한다.

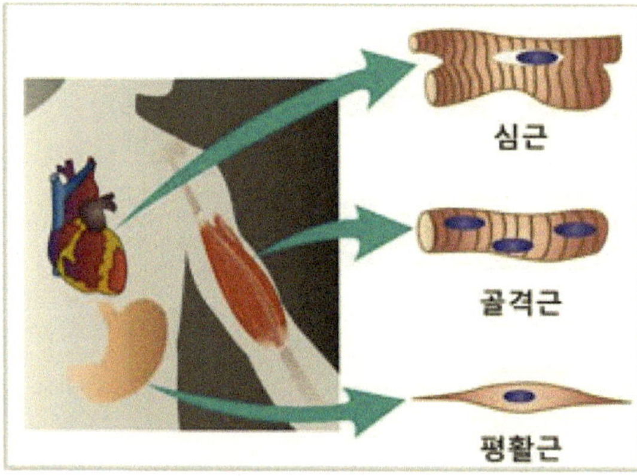

그림 2-50 근육의 형태 [출처: 근육학 쉽게 공부하기, 2018]

A. 골격근

일반적으로 근육은 대부분 골격근을 말하는데 골격근은 근육섬유들이 근외막이라는 성긴 결합조직에 의해 둘러싸여 있으며 근속의 근육섬유들을 근다발막이 싸고 있다. 근육섬유는 근내막이 싸고 있고 가장 안쪽에 근육원섬유는 근섬유막이라는 결합조직으로 싸고 있다.

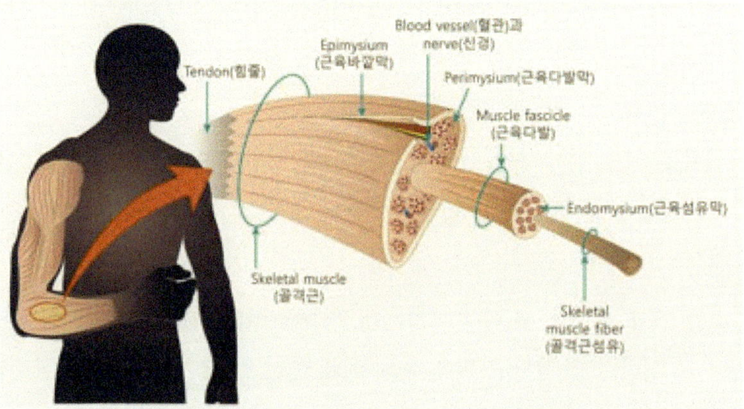

그림 2-51 골격근의 구조 [출처: 근육학 쉽게 공부하기, 2018]

a. 근육세포(Muscle cell)

근육세포(Muscle cell)는 길게 늘어난 근섬유로 한 개 이상의 세포핵을 갖고 있으며 근육형질막(근형질막, sarcolemma)이라는 세포막(cell membrane)으로 둘러싸여 있다. 근육세포는 자극에 의한 흥분성(excitability), 세포질을 통해 자극을 전하는 전도성(conductivity), 자극에 반응하는 수축성(contractility), 수축 후 원래의 모양으로 되돌아가는 탄력성(elasticity) 등 4가지 특징이 있다.

b. 근섬유 (Muscle fiber)

근육은 근육섬유라는 가늘고 긴 세포가 모인 것으로 근육세포라고도 한다. 골격근에서 하나의 세포는 수백~수천 개나 되는 세포가 융합된 것이다. 골격근의 운동단위인 근육섬유는 긴 모양의 길쭉한 세포이며, 길이는 1~50cm, 직경은 10~100 μm이다.

각 근섬유는 긴 원통 모양의 근원섬유(myofibrils)로, 근원섬유는 근육분절(근절, 근육섬유 마디, sarcomeres)이라는 수축성 단위로 구성된다. 각 근육분절은 Z선에서 Z선까지이고 가는 미세섬유(thinfilament) 액틴(actin)과 굵은 미세섬유(thickfilament) 미오신(myosin)이라는 수축성 단백질의 배열로 이루어진다.

액틴(actin)과 미오신(myosin)의 결합 부위가 있어 굵은 미오신필라멘트가 액틴필라멘트 사이에 끼어 있는 구조를 이룬다. 또한, 굵은 미오신필라멘트에는 미오신머리(myosin heads)라는 구조가 있다.

이 구조는 각 근육분절(근절, 근육섬유마디, sarconmeres)인 가는 근미세섬유와 굵은 근미세섬유의 배열된 구조와 함께 골격근과 심장근에서 줄무늬로 보인다. 근육은 잡아당길 때 수축되며 근육분절(근절, 근육섬유마디, sarconmeres)이 짧아지는데 이러한 형상은 가는 미세섬유와 굵은 미세섬유가 서로 미끄러져 들어가기 때문에 발생하며 트롬본(trombone)과 같은 모습이다. 근육의 수축은 신경의 전기적 요인, 화학적 요인, 에너지원이 3가지 요인들의 상호작용에 의해 발생한다.

c. 근형질 (Sarcoplasm)

근형질은 근세포 내의 세포질로 근원섬유(myofibril) 약 50%, 근형단백질(sarcoplasmic proteins, 해당계와 관련된 효소단백질과 미오글로불린, 펄브알부민, S-100단백질) 25%, 근섬유초 5%, 미토콘드리아(mitochondra)와 근소포체(sarcoplasmic reticulum) 막단백질과 그 외 글리코겐(glycogen)과 글루코오스(glucose)로 구성되어 있다.

③ 수축 메커니즘

A. 근 수축과정

외부의 자극을 운동신경섬유에서 인지하여 흥분하게 되면 전기적 변동에 의해 신경섬유를 따라 자극이 전도되면서 운동신경섬유의 말단에까지 전달된다. 이러한 자극은 신경종말의 액포(vesicle) 속의 신경전달물질(neurotransmitter)인 Ach(acetylcholine)를 분비하여 시냅스간극(synaptic cleft)으로 확산 배출된다.

그 중 일부는 아세틸콜린 에스테라제(acetylcholine esterase, Ach E)에 의해 아세트산(acetic acid)과 콜린(choline)으로 분해되지만, 대부분은 근섬유말단에 있는 수용기(receptor)에 도달하여 아세틸콜린복합수용체(acetylcholine receptor complex)를 형성하고 막투과성을 높여 탈분극(depolarization)을 초래한다.

이러한 탈분극 현상은 활동전류를 유발하고 근소포체에 있던 Ca^{2+}을 방출하면서 Na^{+}과 K^{+} 채널이 열리고 전도성이 증가하며 종판전위, 즉 활동전위(activity potential)가 발생하게 된다. 활동전압은 가로소관(T관)을 통하여 근섬유중심부에 파급된다. 근소포체(Sarcoplasmic reticulum, SR, 근형질세망) 말단(terminal cisternae, 종조)에 저장되어 있던 Ca^{2+}이 방출되고 이것이 troponin C에 결합하면 두 근섬유 말단의 접촉을 방해하던 트로포미오신(tropomyosin)과 트로포닌복합체(troponin complex)가 동시에 이동하면서 미오신필라멘트에 달려있는 미오신머리가 액틴의 결합부위와 결합한 후 굴곡하게 되면 액틴필라멘트가 근절 중앙으로 끌려들어가서 근절의 길이가 짧아지게 된다.

이것이 근육의 수축현상이며 활동전위가 끝나면 근소포체로 Ca^{2+}이 재흡수되고 액틴과 미오신의 상호작용이 사라지면서 tropomyosin 작용이 회복되어 액팀필라멘트는 원래 위치로 돌아와 근육이 이완하게 되는 것이다.

B. 수축의 기본 형태

a. **연축**(single twitch) : 역치 이상의 자극에 의하여 근육이 급속히 한 번 수축하였다가 이어서 이완되기까지의 과정을 말한다.

b. **등력성 수축**(isotonic contraction) : 근육의 길이는 짧아지고 장력은 변화 없이 일어나는 수축이다. 관절의 각도를 굴곡, 신전하는 것이다. 물건을 들어 올리는 동작이다. 신장성 수축과 단축성 수축을 등력성 수축이라 한다.

c. **등장성 수축**(isometric contraction) : 근육의 양 끝을 고정시켜 근육의 길이는 변화없고 장력만을 나타내는 수축이다.

d. **강축**(tetanus) : 적당한 시간적 간격에 의한 자극으로 연축이 합쳐져 더 크고 지속적인

수축이 일어나는 현상이다.

e. 긴장(tonus) : 계속적인 약한 자극으로 근육이 항상 약한 수축을 하고 있는 현상이다.

f. 강직(contracture, 구축) : 몸이 굳어서 뻣뻣해진 상태이다.

g. 마비(paralysis) : 중추신경계와 운동 신경계의 손상으로 흥분전달이 차단되어 수의적 수축이 불가능한 형상이다.

h. 비대(hypertrophy) : 과도한 근육운동에 의해 근육부피가 커지고 수축력이 커지는 현상이다.

2) 노화와 근육의 변화

대략 30세부터 남성과 여성에서 골밀도가 감소하기 시작한다. 여성의 경우, 이 골밀도 손실이 폐경 후 가속화된다. 그 결과, 골다공증의 발생 위험이 커지며 이로 인해 뼈가 약해져 부러질 가능성이 커진다. 나이가 들어감에 따라 연골과 결합 조직에서의 변화가 관절에 영향을 미친다. 관절 내 연골이 가늘어지고, 연골 구성요소(프로테오글리칸—연골의 탄력을 제공하도록 하는 물질)가 변성되어 관절이 탄력을 잃고 손상에 더 취약해질 수 있다. 따라서 일부 사람들에서 관절 표면이 이전처럼 서로의 표면 위로 미끄러지듯 움직이지 않는다. 이러한 과정은 골관절염을 야기할 수 있고, 또한 인대와 힘줄 내 결합 조직이 굳고 약해지므로 관절이 더욱 경직되고 취약해진다. 이 변화는 관절의 운동 범위를 제한한다.

근육 손실(근감소증)은 대략 30세에 시작되어 평생 동안 진행되는 과정이다. 이 과정에서, 근육 조직량과 근섬유 수 및 크기가 점진적으로 감소한다. 근감소증의 결과는 근육량과 근력의 점진적인 손실이다. 이 경증의 근력 손실은 일부 관절(예: 무릎)에 대한 스트레스를 증가시키며, 관절염 또는 낙상에 취약하게 만들 수 있다. 또한, 빠르게 수축하는 근섬유가 느리게 수축하는 근섬유보다 노화의 영향을 많이 받는다. 따라서 노화가 진행됨에 따라 근육의 빠른 수축이 어려워진다. 이러한 근육량과 근력 손실은 규칙적인 운동 프로그램으로 부분적으로 극복하거나 지연시킬 수 있다.

3) 근감소증

① 근감소증의 정의

근감소증(sarcopenia)은 그리스어에서 기원한 muscle을 뜻하는 "sarco"와 감소되어 있다는 뜻의 "penia"가 합성된 단어로서 노화와 연된 근육량의 감소를 의미한다. 여기에서 "근(muscle)"이란 골격근(skeletal muscle)을 의미하고 평활근(smooth muscle)과는 관계가 없다.

즉 근감소증은 주로 사지에 분포한 골격근의 감소(loss of skeletal muscle mass)를 의미한다.

② 근감소증의 원인

팔다리의 골격근(가로무늬근 또는 횡문근)은 근섬유(근세포)의 다발로 구성되어 있고 근섬유는 크게 느리게 수축하는 제1형(type I)과 빠르게 수축하는 제2형(type II)으로 나뉜다. 노인의 근감소증에서 관찰되는 근육의 위축과 손실은 제2형 근섬유의 감소와 연관 있다고 알려져 있다. 근감소증의 병리 생태는 아직 확실하게 밝혀져 있지 않으나 이에 관한 연구들이 일부 보고되고 있다.

A. 단백질 섭취와 근육량

노인의 근육량 감소는 부적절한 영양 섭취와 필수 아미노산과 같은 영양에 대한 근육의 적응 실패가 한 원인으로 의심되고 있다.

B. 미토콘드리아의 기능부전 및 산화적 스트레스

미토콘드리아 DNA의 산화적 손상에 의해 야기되는 미토콘드리아 기능부전(mitochondrial dysfunction)은 노화 과정을 촉진하는 주요 원인이다. 또한, 노화 골격근에서 산화적 스트레스(oxidative stress)와 밀접하게 관련된 활성산소는 근감소증을 유발하는 주요 원인이다. 활성산소 축적은 조직 분해, 골격근 위축, 근육기능 감소 그리고 섬유성 조직 증가를 유발한다.

C. 미토콘드리아의 세포사멸

미토콘드리아의 기능부전과 산화적 스트레스는 세포사멸(apoptosis)을 유발한다고 보고되고 있다. 미토콘드리아는 세포사멸을 유발하는 주요 장소로서 미토콘드리아 내에서 pro-apoptotic 단백질(Bax, Bid)과 anti-apoptotic 단백질(Bcl-2, Bcl-XL)간의 불균형, caspase-independent pathway, AIF의 발현증가 등이 관련되어 있다.

D. 미토콘드리아의 자가포식

자가포식(autophagy)은 상해를 입었거나 불필요한 세포 단백질이나 소기관을 스스로 분해하고 제거하는 이화 과정이다. 자가포식은 주위 환경 조건에 따라 세포 생존을 증진하기도 하고 세포 죽음을 유발하기도 한다. 세포 내 기본적인 자가포식이 결핍되면 비정상적인 단백질들의 축적을 초래하고, 반면에 지나친 자가포식은 세포 스트레스를 유발하여 단백질 분해 증가를 통해 골격근 상실을 유발한다.

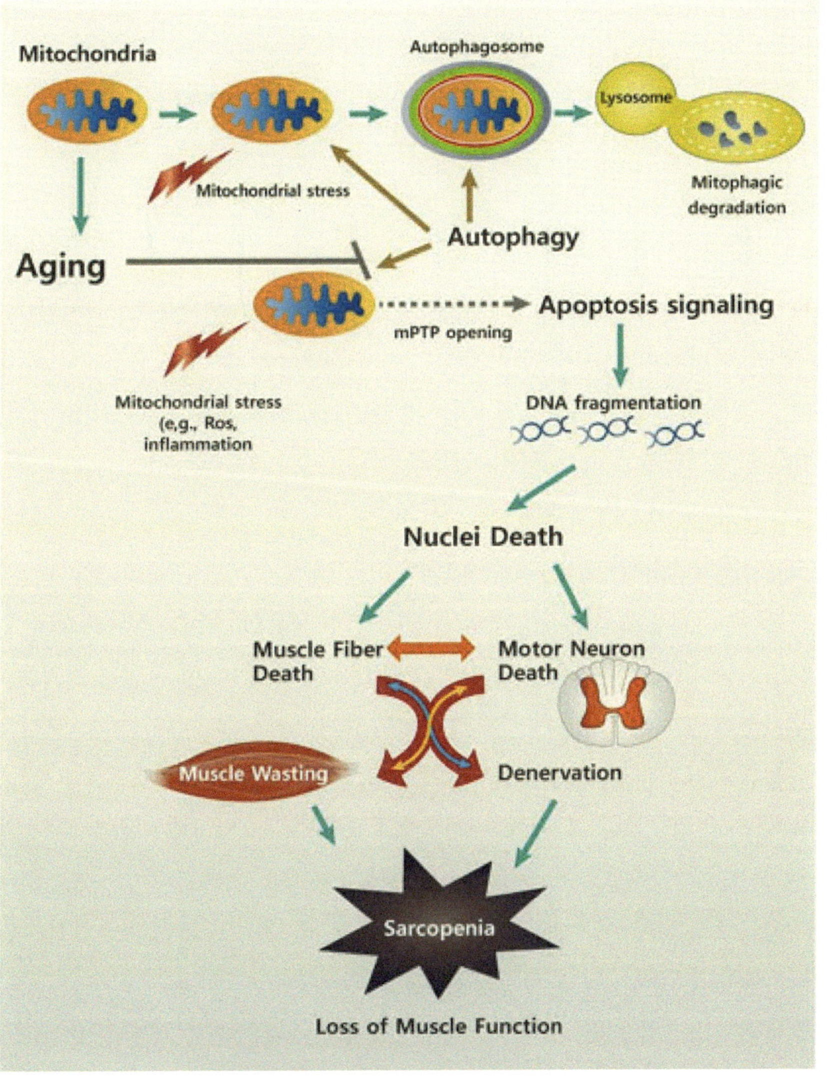

그림 2-52 미토콘드리아 기능과 근감소증
[출처: Exercise and sport sciences reviews, 2017]

E. 호르몬의 영향

노화는 성장호르몬(IGF-I)과 코티졸(cortisol), 남성호르몬(testosterone), 여성호르몬(estrogen) 생산과 감수성의 변화와 연관 있다고 알려져 있다. 이러한 호르몬은 근육 단백질 대사의 동화 작용뿐만 아니라 이화작용에 영향을 미친다고 알려져있다. 노인에서 흔히 관찰되는 성장호르몬(IGF-I)의 감소는 내장 지방의 증가와 근육량 감소, 골밀도 감소와 연관이 있다고 알려져 있다.

F 염증 유발 사이토카인

In vitro, in vivo 연구에서 염증 유발 사이토카인(proinflammatory cytokines; TNF-α, IL1 and IL6)은 근원섬유단백질(myofibrillar protein)의 분해를 촉진하고 단백질 합성을 감소시켜 직접적으로 근육 소모를 유발한다.

③ 노화 시 근육의 변화

A. 위성세포(satellite cell)

위성세포는 골격근의 항상성을 유지하고 재생에 관여한다. 노화 시 이들의 수적 감소 특히 제2형 근섬유의 감소가 일어난다. 그리고 근육손상에 대해 위성세포 활성이 무뎌지는데 이는 노화시 증가된 IL-6가 IGF-1과 같은 anabolic signaling pathway의 작용을 억제함으로써 근육의 분해가 촉진되기 때문이다.

B. 근섬유(muscle fiber)

a. **근섬유의 양적변화** : 근육량의 감소

노화 시 근섬유의 수가 30~40% 감소한다. 근섬유의 크기는 12~15세에 정상 크기에 도달하는데 노화 시 근섬유의 크기가 감소하고 특히 제2형 근섬유 크기는 10~40% 감소하지만 제 1형 근섬유의 크기는 변함이 없다.

b. **근섬유의 질적변화** : 근강도(근력)의 소실

노화 시 골격근 섬유의 내인성 근력 생성능력이 감소되는데 이는 노화와 관련된 세포와 분자수준 과정에서의 변화에 기인한다.

c. **지방세포의 침윤(infiltration)**: 근육 내 혹은 근육 간 지방조직이 증가함으로써 근육의 강도가 감소한다.

d. **미토콘드리아의 변화**: 미토콘드리아의 수가 감소하며 기능 이상을 보인다.

4) 근감소증의 임상적 중요성

근감소증은 운동성의 소실, 낙상, 골다공증, 골절로 인한 삶의 질 저하 그리고 입원 및 사망과 깊은 관련성을 보인다. 또한, 근육량과 기능의 감소는 신체 활동의 감소를 초래하고 이로 인해 총 에너지 소모가 감소하여 체중증가/비만을 초래하게 된다. 이러한 결과로 폐기능의 감소, 심혈관 및 대사 질환을 유발하게 된다.

5) 근감소증의 진단

과거 근육량의 변화를 측정하는 데 기술적으로 제한이 많았으나 지난 20년간 근육량의 변화를 측정 할 수 있는 매우 정확한 방법들이 도입되었고 다양한 진단 방법과 정의가 제시되어 왔다. 그러나 근육량 측정 방법이 표준화되지 않아 아직 완전히 정립된 진단기준은 없는 실정이다. European Working Group on Sarcopenia in Older People (EWGSOP)은 2009년 1월 처음 모임을 시작한 이후 2차례의 추가 모임을 통하여, 보완된 근감소증의 정의를 제시하였다. EWGSOP에서는 근감소증을 지속적이고, 전신적인 골격 근육량과 근력의 감소로 정의하였고, 이는 근력이 근육량에만 의존하는 것이 아니며, 근력과 근육량의 관계가 직선적 관계가 아니기 때문이라 하였다. 따라서, 근감소증의 진단에는 근육량의 감소와 근육 기능의 감소(근력 또는 수행기능)가 함께 있어야 한다고 하였다. 또한, 근감소증의 단계를 근감소증 전 단계(presarcopenia), 근감소증, 중증 근감소증(severe sacropenia)의 3단계로 구별하였는데, 근감소증 전 단계는 근육량의 감소는 있지만, 근력이나 신체수행 기능에는 지장이 없는 단계이고, 근육량을 정확히 측정하는 방법으로만 발견될 수 있다. 근감소증은 근육량의 감소와 근력의 저하 또는 신체수행 기능이 저하된 경우로 정의하였고, 중증 근감소증은 근육량의 감소와 근력저하, 그리고 신체수행 기능이 모두 저하된 경우로 정의하였다.

A. 근육량의 측정

현재 가장 보편적으로 사용되는 근감소증의 측정지표는 사지 근육량(appendicular skeletal muscle mass, ASM)을 신장의 제곱으로 나눈 값(kg/m^2)이다. 팔다리의 뼈와 지방을 제외한 값을 ASM으로 정하고, 이를 신장의 제곱으로 나누어 보정하였다. 이 수치가 20~40세 젊은 남녀의 평균값보다 -2 표준편차(standard deviation, SD) 미만으로 감소한 경우에 근감소증으로 정의하였다. 또한, 총 근육량(kg)을 체중(kg)으로 나누어 백분율로 환산한 값을 젊은 남녀의 평균값보다 -1 SD 또는 -2 SD 미만으로 정의할 수도 있으며, ASM의 측정값과 공식으로 예측한 ASM의 차이로 정의하는 방법도 있다.

B. 근력의 측정

근력의 측정은 근감소증의 진단의 중요한 요소이다. 손과 아래팔의 등척성 수축력(isometric strength)을 힘 측정계(dynamometer)로 측정하거나 다리 힘과 회전력의 복합 등속 운동력 측정 방법 등 여러 근력을 측정하는 방법이 있다. 신체한 부위의 근력은 다른 부위의 근력과 밀접한 연관이 있어 손의 힘 측정기로 측정된 악력은 하지 근력 측정을 대용할 수 있고 다리 근력과 비슷하게 예후를 예측한다.

(2) 근력 개선의 의의

근감소증은 누구에게나 나타날 수 있는 증상으로, 나이가 들면서 나타나는 단백질 합성 능력 감소, 운동량 부족, 신경 근육의 퇴화, 근육 대비 지방량 변화 등이 원인으로 작용한다. 2016년 세계보건기구(WHO)는 근감소증을 정식 질병으로 등재하였다. 2008~2011년 국민 건강 영양 조사 결과에 따르면 60세 이상 고령 인구에서 근감소증 유병률은 6.6%로 나타났다. 미국에서 일년 동안 근감소증으로 지출되는 의료비는 185억 달러이며 이는 전체 의료비의 1.5%를 차지하였고, 근감소증의 유병율을 10% 감소시키면 18억 달러의 의료비 절감 효과가 발생하는 것으로 추정되었다.

근감소증의 예방을 위해서는 단백질 위주의 영양 섭취와 근력운동이 중요하다. 아미노산이 풍부한 우유, 달걀, 육류 및 생선 등의 균형적인 섭취와 함께 유연성과 균형, 저항성 근력 운동과 지구력 운동을 병행하는 것이 근육 감소 예방에 도움이 된다.

(3) 바이오마커 (표2-19)

구 분	바이오마커	측정 가능한 연구유형		
		in vitro	*in vivo*	Human
근육 단백질 합성 증가	위성세포(Satellite cell , Pax7) 증식조절	○	○	
	단백질 합성 관련 신호전달 (IGF-1, Akt, mTOR, S6K, 4E-BP1 등)	○	○	
	근육분화 관련 신호전달 (MyoD , Myf5, Myogenin, Myf6, MEF2 등)	○	○	
근육 단백질 분해 억제	Atrogenes (MuRF1, Atroginl)	○	○	
	Forkhead box O(FoxO) 3a	○	○	
	Myostaiin	○	○	○
	Cathepsin L 과 proteasome activity	○	○	
	Inflammation (TNFe, IL-1, IL-6 & cytokine)	○	○	○
근육에서의 산화적 스트레스 억제	항산화 활성 (805, TAS, 글루타티온, DNA damage, MDA, SOD, CAT 등)	○	○	○
	미토콘드리아 기능(OCR, ATP 등)	○	○	

근력	악력(hand grip) 매달리기(hanging test)		○	○
	등속성운동력(isokinetic exercise)			○
신체기능	간이신체활동 배터리(SPPB)			○
	보행속도			○
	400m 보행			○
	6분 보행			○
	의자에서 5회 일어서기			○
	일어서서 걷기(TUG)			○
	로타로드(rotarod), 트레드밀 등		○	
근육의 질/양 등	근육섬유 (MHC Ⅰ, Ⅱ형), 근육과 지방밀도 비율		○	○
	근육량		○	○
	근육섬유 굵기	○		
	근육 단면적		○	
	Myosin Heavy Chain(MHC)	○	○	
	근육 내 triglyceride 함량	○	○	
	Sarcopenia index		○	○

(4) 제품 개발 사례

1) 제목 : 고령자용 근감소증 예방 및 개선에 도움을 줄 수 있는 소재 개발(2022년)

2) 연구 요약(표 2-20)

구분	내용
개발목표	□ 노인성 근감소증 개선에 도움이 되는 유청단백 및 효모 가수분해물 개발 ○ 가수분해물 생산 공정 최적화 - 유청단백 가수분해물 공정 최적화 - 효모가수분해물 공정 최적화 - 복합 기능성 소재 생산 및 공정 최적화 ○ 단백 가수분해물 분획물 임상 및 개별인정원료 신청 - 유청단백가수분해물과 효모가수분해물 중 상품성 높은 제품 선정 - 복합기능성 소재의 생산 - 근감소증 개선 효과 임상 - 임상 자료를 토대로 개별인정원료 신청
개발내용	□ 단백가수분해물 분획물 생산 공정최적화 - 표준제조 공정도를 구축하고 고정별 기준규격을 수립 - 각 공정별 수율 및 아미노산 조성 분석을 실시 □ 단백가수분해물 의 최적비율 선정 및 공정최적화 - 근감소증 개선 소재의 대량 생산을 위한 Scale-up 연구 □ 단백가수분해물 또는 기능성 소재 임상 및 개별인정 원료 신청 - 인체적용시험 디자인 및 IRB심의 신청이 필요. 근감소 예방 및 개선 소재의 후보 기능성에 대한 인체적용시험을 통한 안전성/유효성 평가
활용개획	본 연구를 통해 개발되는 근감소증 개선 소재는 기존의 해외 제품과는 다른 국내 영양학적 식사 섭취 기반에 대한 차별화로서 고부가가치사업으로 떠오르는 고령자용 식품산업 발전의 디딤돌이 될 것이며, 한국인에 맞춤형 상용화 및 나아가 글로벌 시장에서 경쟁력을 확보할 수 있는 제품이 될 것임.

3) 관련 data

① 지표물질 개발

지표물질 분석법

장비명	Shimadzu HPLC Prominence system		
컬럼	Watchers 120 ODS-BP(4.6x250mm, 5 um, Waters)		
용매	A, 0.1% TFA/DW ; B, 0.1% TFA/acetonitrile		
	시간 (분)	용매 A	용매 B
	0	87	13
	0~25	62	38
	25~30	0	100
	30~40	100	0
주입량	10 uL		
유속	1 mL/min		
컬럼 온도	30°C		
검출 파장	UV 220 nm		

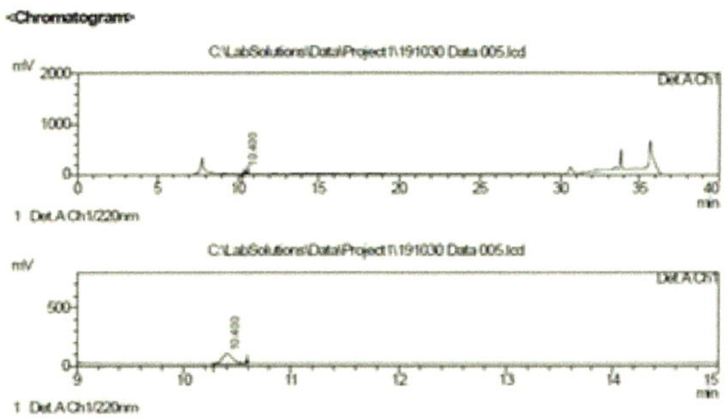

LDIQK(Leu-Asp-Ile-Gln-Lys) 표준물질

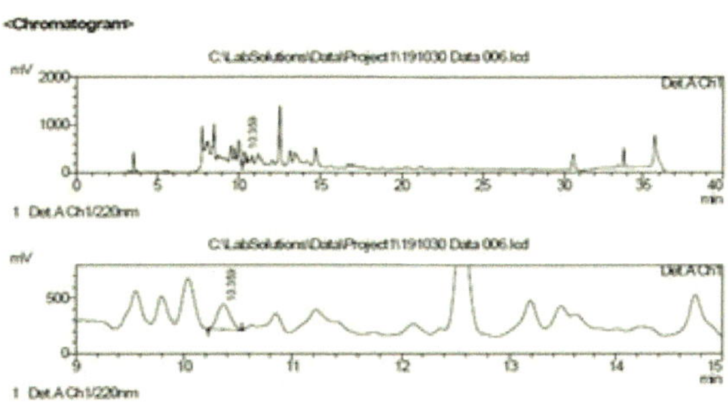

유청단백가수분해물 내의 LDIQK 정량 결과

그림 2-53 지표물질 관련 분석법 결과

② 유청단백가수분해물 개발 process

다양한 유청 소재를 검토하여 영양, 수율, 원료 수급 안정성, 품질 안정성 등을 고려하여 원료를 선정하였음. 그리고 Alcalase, Neutrase, Protamax, Flavourzyme 등 다양한 효소의 조합을 이용하여 가수분해 하였고 최종적으로 Alcalase, Protamax, Flavourzyme을 선정하여 아래와 같은 제조공정을 수립하였음. 유청단백가수분해물의 가수분해도는 약 20%임.

공정명	세부공정
원료 투입	농축유청단백, 제조용수 5배수, 50-55℃, pH 7.0-7.5, 중조
↓ 1차 효소	원료대비 Alcalase 0.2%, Protamax 0.2%, 4H, 50℃
↓ 2차 효소	원료대비 Flavourzyme 0.2%, 15H, 50℃
↓ 실 활	90℃, 10분
↓ 여 과	하우징 필터(25&1㎛)
↓ 살 균	90℃, 30분
↓ 분무건조	Inlet: 180-190, Outlet: 95-100
↓ 자석함	10,000 Gaus
↓ 여과(분말)	30-40Mesh
↓ 포 장	지대 포장

그림 2-54 유청단백가수분해물 제조공정도

③ 효소가수분해물 개발 process

공정명	세부공정
원료 투입	건조효모 제조용수 8배수 투입 55℃
1차 효소반응	원료대비 Alcalase 0.2%, Papain 0.2%, 24시간
2차 효소반응	원료대비 Flavourzyme 0.2%, 14시간
효소실활	85℃, 30분
원심분리	10,000rpm
여과	필터프레스 1㎛
한외여과(UF)	10,000 Da
농축	
분무건조	Inlet: 180-190, Outlet: 95-100
자석함	10,000 Gaus
여과(분말)	30-40Mesh
포 장	포장

그림 2-55 효소가수분해물 제조공정도

④ 동물실험 결과

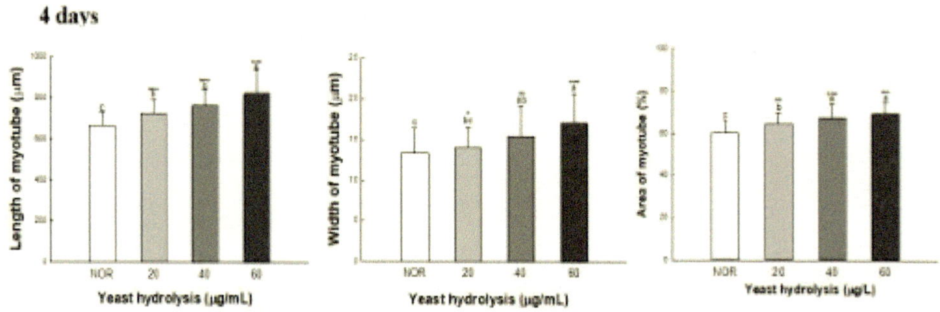

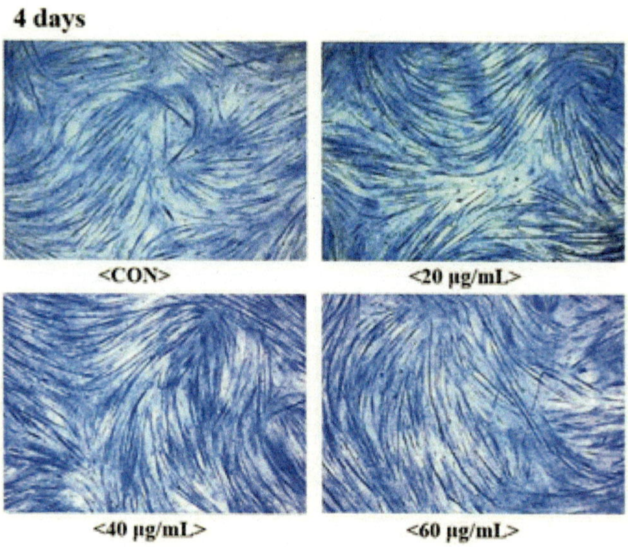

그림 2-56 4일차에서의 효모가수분해물을 처리한 그룹의 myhc

① 실험 디자인

근위축은 정확한 진단이나 원인의 규명이 어려워 완전한 치료가 이루지지 않으며, 진행을 늦추어 주는 약물 효과만 연구되고 있는 상황임. 노화에 따른 근위축에는 근육 물질대사의 부족에 따른 산화적 손상 및 영양 부족 현상 등에 의한 근육 손상이 동반되는데, 이는 근육 단백질의 분해 증가와 합성의 감소를 야기함.

근위축 유도 물질로 알려진 AICAR, H_2O_2, TNF-α 및 dexamethasone을 이용하여 C2C12 cell의 근위축 유도한 후 근위축 세포의 지표성분인 근육세포 형태관찰, 유전자 발현량 및 단백질 수준을 평가하여 세포의 근위축 유도 여부 판단하여 근위축 in vitro 모델계를 구축하고자 함.

근위축은 근육의 질량 및 횡단면적이 감소하는 것으로 근육세포의 morphological change를 확인하기 위해 Jenner-giemsa staining을 통해 myotube의 길이, 직경 및 분포도 측정하고 근위축 인자인 MuRF-1, Atrogin, FoxO3a의 mRNA 발현량의 및 근육 특이적 전사인자인 MyoD, Myogenin의 mRNA 발현량을 RT-PCR를 통해 분석하고자 함.

② C2C12 세포에서의 AICAR로 유도된 근위축 모델

근위축 유도를 위해 AICAR(5-Aminoimidazole-4-carboxamide-1-β-D-ribofuranosyl 5′-monophosphate)는 1.0, 1.5, 2.0, 2.5, 3.0, 3.5, 4.0, 4.5 및 5.0 mM로 처리하여 24시간 동안 배양한 후 WST-1(tetrazolium salts) assay를 통한 세포 생존능 평가 및 quantitative real-time polymerase chain reaction(qRT-PCR)를 통해 에너지 조절인자인 AMPK의 유전자 발현량을 분석함.

AICAR는 AMPK의 활성인자로서 세포 내에서 AMP와 유사 구조를 가지는 ZMP의 생산을 촉진하여 AMPK의 인산화를 증가시키고 근육내 ATP 농도를 감소시켜 에너지 부족에 의한 인위적인 근위축 유도인자로 활용 가능함. 하지만 근위축을 위해 고농도의 AICAR를 처리해야 하며 24시간내 급격한 근위축이 유발됨으로써 위축 억제 효능 평가에 적합하지 않은 유도 인자로 판단됨.

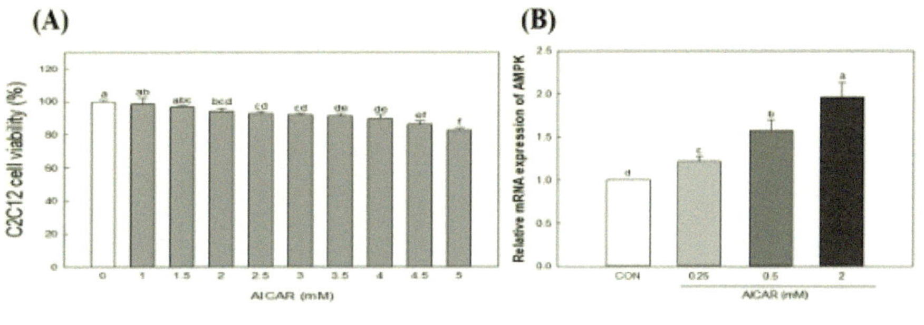

그림 2-57 효소가수분해물의 근육세포(C2C12 cell) 위축 억제 효능 평가

8. 수면질 개선

수면은 단순한 휴식이 아니라, 인체의 항상성(homeostasis)을 유지하기 위한 가장 핵심적인 생리과정 중 하나이다. 인체는 깨어 있는 동안 신체적·정신적 에너지를 소비하고 다양한 대사산물을 축적하는데, 수면은 이러한 부담을 회복하고 뇌와 신체 기능을 정상화하기 위한 '재가동 시간'이라 할 수 있다. 특히 수면의 질(quality of sleep)은 단순한 수면 시간보다 건강과 인지 기능에 더 강력한 영향을 미치는 요소로, 깊은 잠(Non-REM 3단계), 렘수면(REM), 주기적 수면 사이클이 적절히 완성되어야 회복이 이루어진다.

수면은 인간의 뇌·면역·대사·정신건강을 모두 지배하는 핵심 생리 과정이다. 수면의 메커니즘은 서카디안 리듬과 수면 항상성이라는 정교한 시스템을 기반으로 하며, Non-REM과 REM의 조화로운 반복을 통해 신체와 뇌가 각각 회복된다. 수면의 질은 단순한 수면 시간보다 더 중요하며, 현대 사회의 인공조명·스트레스·불규칙한 생활 방식은 수면질을 크게 저하시킨다.

따라서 고품질의 수면 환경을 조성하고 생체 리듬에 맞춰 생활을 조절하는 것은 건강한 삶을 유지하기 위한 핵심 전략이다. 2025년 현재 "감태추출물, 미강주정추출물, 유단백가수분해물(락티움), L-글루탐산발효가바분말, 아쉬아간다 추출물, 상추추출물, 라임과피추출물" 등 총 7종의 소재가 수면질 개선 효과가 있는 것으로 등재되어 있다.

(1) 개요

1) 수면의 정의와 의의

수면은 건강을 유지하는 데 있어서 가장 필수적이고 중요한 생리현상이다. 수면은 조직, 특히 중추신경계의 항상성 회복, 에너지 저장, 체온 조절, 감각, 과 부하된 뇌로부터 부적절한 기억의 제거 등의 기능을 수행하는 현상이며, 외부환경을 인식하고 반응하는 능력이 가역적, 반복적, 정상적으로 정지된, 움직이지 않는 상태로 정의한다.

수면은 단순한 휴식을 넘어서 신체와 정신의 건강을 위하여 꼭 필요한 과정으로, 좋은 수면을 유지하는 것은 삶의 질을 높이고 각종 신체, 정신질환을 예방하는 데 중요한 요소이다. 수면이 부족하거나 수면의 질이 나빠지면 신체와 정신활동에 문제가 발생할 뿐만 아니라 각종 질환에 걸리 위험성이 높이지며, 일상생활에 큰 장애를 가져온다.

쥐에 대한 수면 박탈 실험 결과, 잠을 못 잔 쥐들은 전신쇠약, 피부병, 체소비증가 및 체온 하강 등의 현상이나 나타났고 궁극적으로는 수명이 단축되었다.

장기간 수면이 부족하면 근골격계 질환, 심폐질환, 위장관 질환이 증가하고 어린이에서는 성장 지연이 나타날 수 있다. 이는 적절한 수면이 신체의 정상적인 기능을 유지하는 데 꼭 필요하고 성장 호르몬 분비도 촉진함을 알 수 있다. 고혈압, 당뇨병, 심장 동맥 질환의 발병률도 높아지는데, 이는 수면이 심혈관질환과 대사질환을 예방하고 건강한 혈관의 유지에도 중요함을 시사한다.

2) 수면의 구조

수면은 두 가지 생리적 상태, 즉 렘수면[급속 눈 운동수면, REM(rapid eye movement)수면]과 비렘수면[비급속 눈운동수면, NREM(non-rapid eye movement)으로 구성되어 있다. 정상 성인의 밤 수면에서는 4~6회의 렘수면 - 비렘수면 주기가 반복된다.

수면은 대개 비렘수면으로 시작하여 점점 깊은 수면으로 들어간다. 수면 시작 후 80~100 분에 첫 번째 렘수면이 나타나고 그 후로는 비렘수면과 렘수면이 약 90분을 주기로 반복한다. 비렘수면은 반응소실의 깊이와 뇌파에 따라 네 단계로 분류하는데 , 3단계와 4단계는 섞여서 나타나는 경우가 많고, 이를 구분하는 것이 임상적으로 별의미가 없어 현재는 이 두 가지를 합쳐 3단계 수면이라 한다. 3단계 수면은 '서파수면' 혹은 '델타수면'과 같은 의미다. 서파수면은 대개 수면 주기의 전반부에 나타나고 렘수면은 후반부에 더 많이 나타난다. 젊은 성인의 밤 수면의 약 3/4은 비렘수면이고 1/4은 렘수면이다

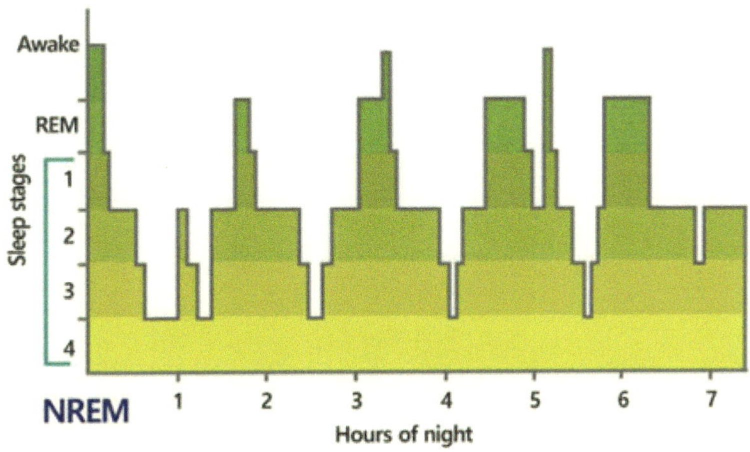

그림 2-58 일반적인 수면의 구조(hypnogram)
[출처: Erman et al, 2001]

3) 수면 각성 조절의 기전

① 수면 항상성과 하루 주기 리듬

인간의 각성과 수면은 환경 요인뿐 아니라 내부적으로 항상성과 하루주기리듬(circadian rhythm)의 복잡한 상호작용으로 조절된다. 수면 항상성이란 잠을 자는 시간이 길어지면 깨어나려는 부하가 걸리고 각성 상태에 오래 있다면 수면 욕구가 증가하는 내부적인 조절을 말한다. 수면욕구, 즉 졸림은 자기 직전에 깨어있던 시간뿐 아니라 하루 주기 리듬에 의해서도 결정된다. 하루주기리듬이란 약 24시간의 주기성을 갖는 모든 생리현상을 뜻한다. 이런 하루주기리듬을 관장하는 것을 생체시계(biological clock)이라 하고, 시상하부(hypothalamus)의 신경 교차상핵(SCN)이 하루주기 조정자의 역할을 한다. 이런 내적 생체시계를 외부 24시간에 적응시키는 것을 유입이라고 한다.

유입을 일으키는 인자를 동기화 인자(zeitgeber)라고 하는데 빛, 어둠, 기온 같은 외부 환경이 중요하며 활동, 자세, 식사, 환경, 약물, 사회 규범도 동기화 요인으로 작영한다. 이 중 빛이 가장 중요한데 망막에 들어온 빛 자극은 망막 시상하부로를 따라 시신경교차상핵에 전달된다. 수면 항상성과 하루주기리듬이 상호 작용을 해서 약 16시간의 각성과 약 8시간의 수면을 이룬다.

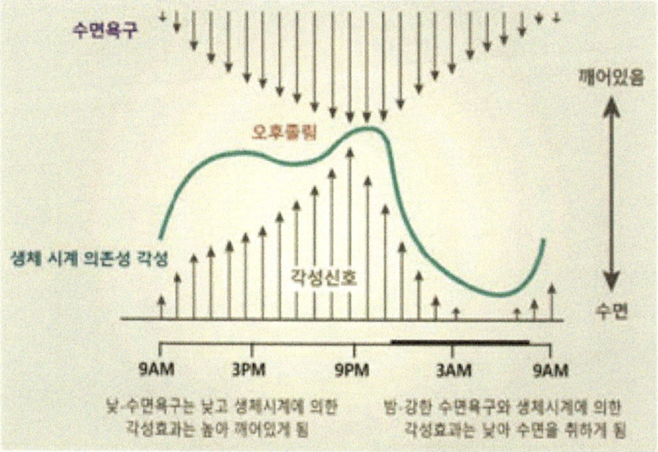

그림 2-59 수면과 각성의 조절
[출처: 대한수면 연구학회, www sleepnet.or.kr]

② 멜라토닌과 체온

멜라토닌(melatonin)은 트립토판(tryptophan)과 세로토닌(serotonin)을 거쳐서 합성된다. 혈중농도는 새벽 3~4시에 최고치가 된다. 시신경교차상핵의 리듬이 여러 차례 시냅스 후 송과체(pineal gland)로 전해짐으로써 멜라토닌의 분비리듬이 나타난다. 체온은 초저녁에 최고점에 도달하다가 새벽 3~6시에 최저점에 이르는데 대개 기상 3시간 전이다. 혈중 멜라토닌 최고점과 체온의 최저점을 이루는 시간 대가 최대수면 상태이다.

③ 수면-가성과 연관된 생화학물질

수면과 각성은 하나의 수면-각성 중추에 의해 조절되는 것이 아니라 주로 뇌줄기 등에 위치한 다양한 부위들의 상호억제와 활성화 과정에 의해 조절되는 복잡한 과정이다. 하나의 생화학적 물질이 수면을 유도하고, 각성을 유발 한다기 보다는 아세틸콜린, 히스타민, 오랙신 혹은 히포크레틴, 감마아니노부티르산(GABA), 아데노신, 도파민, 노르에피네프린 등의 생화학 물질이 서로 작용하면서 수면-각성 작용에 관여하게 된다.

4) 수면 장애의 종류 및 개념

① 불면증

불면증은 가장 흔하고 널리 알려진 수면장애이며, 불면증의 유병률은 전체 인구의 30~50% 이며, 일상 생활 능력의 저하까지 동반한 불면증은 10~15% 이다. 노인, 여성, 우울증 같은 정 신질환, 교대 근무자에서 유병률이 높다.

불면증의 진단은 병력 청취와 다양한 수면 설문지를 통해 이뤄진다. 수면 개시 또는 유지가 어려운지, 수면 패턴과 수면 각성 주기가 어떠한지, 수면위생 및 코골이나 하지불안증후군 등의 다른 증상이 없는지, 주간 기능 및 기분이 어떠한지 등의 병력 청취를 통한 정보가 핵심적이고 지표로 사용된다.

불면증이란 수면의 시작 또는 유지가 힘든 상태를 의미하며 일과성 혹은 지속적으로 나타날 수 있다. 흔히 불면증의 치료제로 사용되는 수면제는 벤조다이아제핀 또는 비벤조다이아제핀 계열의 GABA-α 수용체에 작용하는 약물과 항우울제 및 항히스타민제 등이 있는데, 수면제는 인지기능저하와 주간 졸림과 같은 부작용 및 의존성으로 인해 4주 이상의 장기간 섭취는 일반적으로 권장하지 않는다.

② 수면호흡장애

폐쇄성/중추성 수면무호흡증 등이 있다. 수면무호흡증은 수면다원검사를 통해 얻은 수면 무호흡지수(AHI)가 진단 및 중증도 평가에 이용된다.

③ 기면병 및 과다수면증

수면각성주기의 교란과 렘수면의 혼란으로 일어나며, 심한 주간과다졸림증 등의 증상이 일어난다. 밤잠에 대한 검사인 수면다원검사와 주간졸림의 정도를 평가하는 수면잠복기반복검사 (MSLT)를 통해 진단한다.

④ 하루주기리듬 장애

생체시계의 수면시간과 외부환경의 24시간 활동 사이의 불일치가 생기면 하루주기리듬 수면장애가 생긴다. 내적 생체시계 변화로 인한 수면 장애에는 흔히 야간형 또는 올빼미형이라고 불리는 수면위상지연장애(delayed sleep phase disorder) 등이 있고, 내적 생체시계는 정상 리듬이지만 외부환경의 시간이 변함으로써 발생하는 시차장애(jet lag disorder), 교대근무수면장애 (shift work sleep disorder) 등이 있다. 이러한 환자는 적정 수면시간대에 서는 불면을 호소하고 각성이 필요한 시간대에서는 과다졸림증을 호소하여 사회활동과 직업활동이 저하된다. 이러한 유형의 수면장애는 광치료(light therapy), 멜라토닌, 생체리듬치료(chronotherapy)가 효과적이다.

⑤ 사건수면

사건수면(parasomnias)은 수면에 방해가 되는 모든 상황을 총칭하는 광범위한 용어이다.
가장 일반적인 사건수면은 수면-각성장애이며, 몽유병, RME 수면행동장애, 악몽 등을 포함한다. 수면과 각성 사이의 혼재된 시간 동안에 일어나며, 복잡한 행동을 할 수 있을 정도로 각성하게 되지만, 당시 활동을 기억하지는 못한다. 일부 유전되는 경향이 있으며 특정한 약물 복용시 심각한 증상을 보이기도 한다.

⑥ 수면 관련 운동 장애

수면관련 운동장애로는 하지불안증후군, 주기성사지운동장애, 코골이 등이 있다.
하지불안증후군은 다리 혹은 팔에서도 증상이 발생하고 가만히 앉아 있거나 누워있을 때, 자려고 할 때 불편한 느낌 등을 호소하는 증상이다. 심한 경우 통증으로 느끼기도 하며 잠들기가 어려워 불면증이 생기는 경우도 있다. 이에 낮 동안에 비정상적으로 과도하게 졸리는 현상도 나타난다. 주기성사지운동장애 역시 밤 동안에 다리에 증상이 발생하여 잠을 방해하는 또 다른 질병이다. 무의식적 혹은 불수의적으로 발생하고 다리가 저절로 움직여 수면에 방해를 일으키게 된다.

(2) 수면 건강의 의의

수면 건강은 신체와 정신이 충분히 회복되고 최적의 기능을 유지하도록 돕는 핵심적 요소로, 전반적 삶의 질을 결정하는 근본적 기반이다. 양질의 수면은 뇌가 기억을 정리하고 감정을 조절하며 신경 회로를 재구성하는 데 필수적이며, 집중력·문제 해결력·창의력 같은 인지 기능을 안정적으로 유지하게 한다. 또한 수면은 면역 체계를 강화하고 세포 회복을 촉진하며, 심혈관계 부담을 줄여 질병 위험을 낮춘다. 호르몬 분비 조절 역시 중요한 역할을 하는데, 특히 스트레스 호르몬과 식욕 조절 호르몬의 균형을 맞춰 체중 관리와 정서 안정에 기여한다. 반면 수면이 부족하거나 질이 떨어지면 만성 피로, 우울·불안 증가, 사고 위험 상승 등 부정적 영향이 나타나며, 장기적으로는 당뇨·비만·고혈압과 같은 만성 질환의 발생률을 높인다. 따라서 규칙적인 수면 습관과 적절한 수면 환경을 갖추는 것은 건강한 일상 유지뿐 아니라 장기적 신체·정신 건강을 지키는 데 필수적이다.

(3) 바이오마커(표 2-21)

구분	바이오마커		측정 가능한 연구유형		
			In vitro	In vivo	Human
수면 관련 신경전달물질 분석	GABA, 세로토닌, 오렉신 등		○	○	○
생화학지표	혈중/타액 중 멜라토닌 소변 중 6-SMT			○	○
수면의 평가	신경생리학적 모니터링	수면다원검사 (PSG, EEG/EMG)		○	○
		수면각성 활동량 검사 (sleep actigraphy)			○
		수면시간측정		○	○
	체위모니터링	수면 중 체위측정 (Accelerometer)		○	○
수면설문검사	PSQI(Pittsburgh Sleep Quality Index) ISI(Insomnia Severity Index) Sleep diary				○

(4) 제품 개발 사례

1) 제목: 수면유도 개별인정형 건강기능식품 인정을 위한 해양자원 개발(2014년)

2) 추출조건의 최적화

- 감태의 주정 추출조건을 최적화하기 위하여 반응표면분석법(RSM)을 이용하였으며, Table 1과 같은 중심합성계획법에 따라 실험디자인을 하였음
- 모든 통계처리는 MINITAB (Version 15, Minitab Inc., USA)을 사용하였으며, 3차원 그래프는 Maple(Version 7, Waterloo Maple Inc., Canada)을 이용하여 나타내었음

Table 1. Experimental range and values of the independent variables in the central composite design for extraction of phlorotannin from EC (*Ecklonia cava*)

Independent variables	Symbol	Range and levels				
		-1.682	-1	0	+1	+1.682
EtOH concentration (%)	X_1	55	63	75	87	95
Temperature (℃)	X_2	40	48	60	72	80
Time (h)	X_3	6	9.6	15	20.4	24

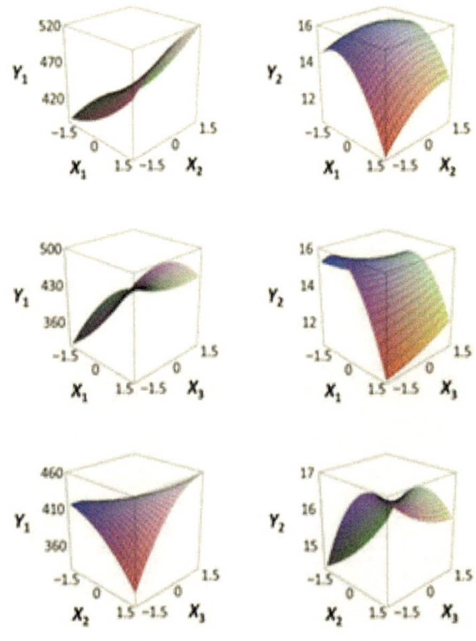

Fig. 2. Response surface 3D plots for optimization of ethanol extraction of phlorotannin from EC (*Ecklonia cava*). X_1, EtOH concentration (%); X_2, temperature (℃); X_3, time (h); Y_1, total polyphenol content (mg PGE/g); Y_2, yield (%).

그림 2-60 감태추출물의 최적화 공정 관련 자료

3) 정제공정 개발

- 감태의 대표적 활성성분인 phlorotannin의 함량을 높이고 해조류에 함유되어 있는 중금속인 비소를 제거하기 위하여 정제공정을 개발함
- 생리활성물질의 정제와 협잡물 제거에 산업적으로 널리 사용되고 있는 대표적인 합성흡착제 SP850과 HP20을 이용하여 추출 및 정제하여 phlorotannin 시제품을 제조함
- HP20을 이용하여 정제한 phlorotannin 시제품이 SP850 정제물보다 수면증진효과, 추출수율, 폴리페놀 회수율이 높게 나타났으며, 폴리페놀함량은 큰 차이가 나지 않았음 (Table 5, Fig. 4)
- 따라서 정제공정에서는 가격이 저렴하고 활성이 뛰어난 합성흡착제 HP20을 선택함

Table 5. Total polyphenolic compound content, recovery ratio and yield of *Ecklonia cava* ethanol extract by resin types

	Total polyphenolic compound content (mg/g)	Recovery ratio (%)	Yield (%)
HP20	618.40 ± 3.63	83	60
SP850	624.27 ± 2.30	55	40

그림 2-61 정제공정 관련 자료

4) 지표물질 발굴

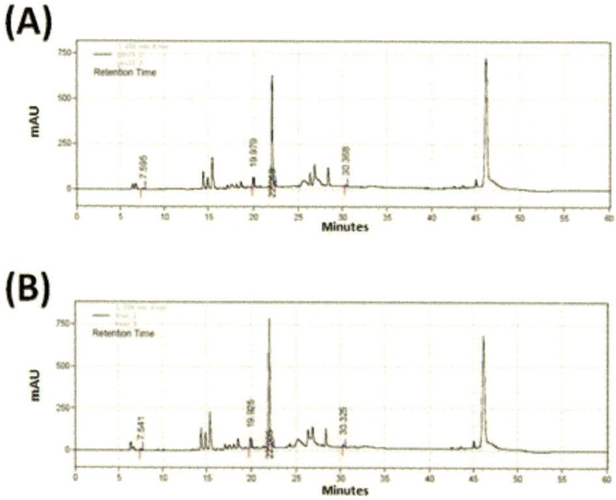

Fig. 14. (A) HPLC chromatogram of ECE at 230 nm. (B) Chromatographic profile of purified extract by HP20 at 230 nm.

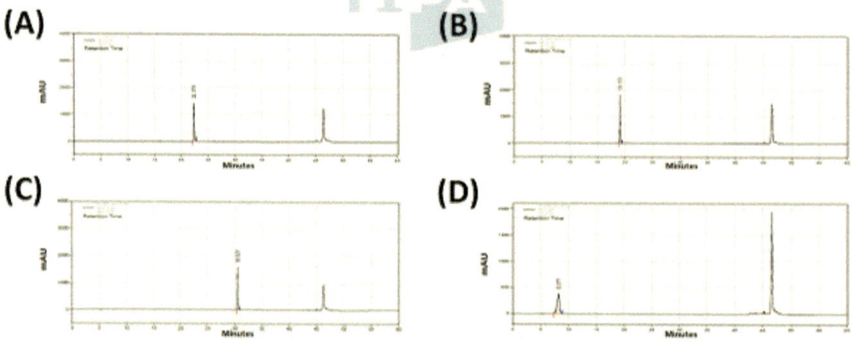

Fig. 15. Chromatogram of isolated compounds of (A) dieckol, (B) eckol, (C) eckstronol and (D) triphlorethol-A from ECE

그림 2-62 지표물질의 chromatogram

5) 동물실험 자료

- C57BL/6N mouse를 1주일간 적응시킨 후 전극 삽입 수술을 실시한 다음 시료 경구투여 후 PAL-8200 series (Pinnacle Technology Inc, Oregon, USA)를 이용하여 17:00부터 24시간동안 뇌파 및 근전도를 측정하였음(Fig. 6)
- 수면구조 분석은 SleepSign 프로그램(Ver. 3.0, Kissei Comtec, Nagono, Japan)을 이용하였음

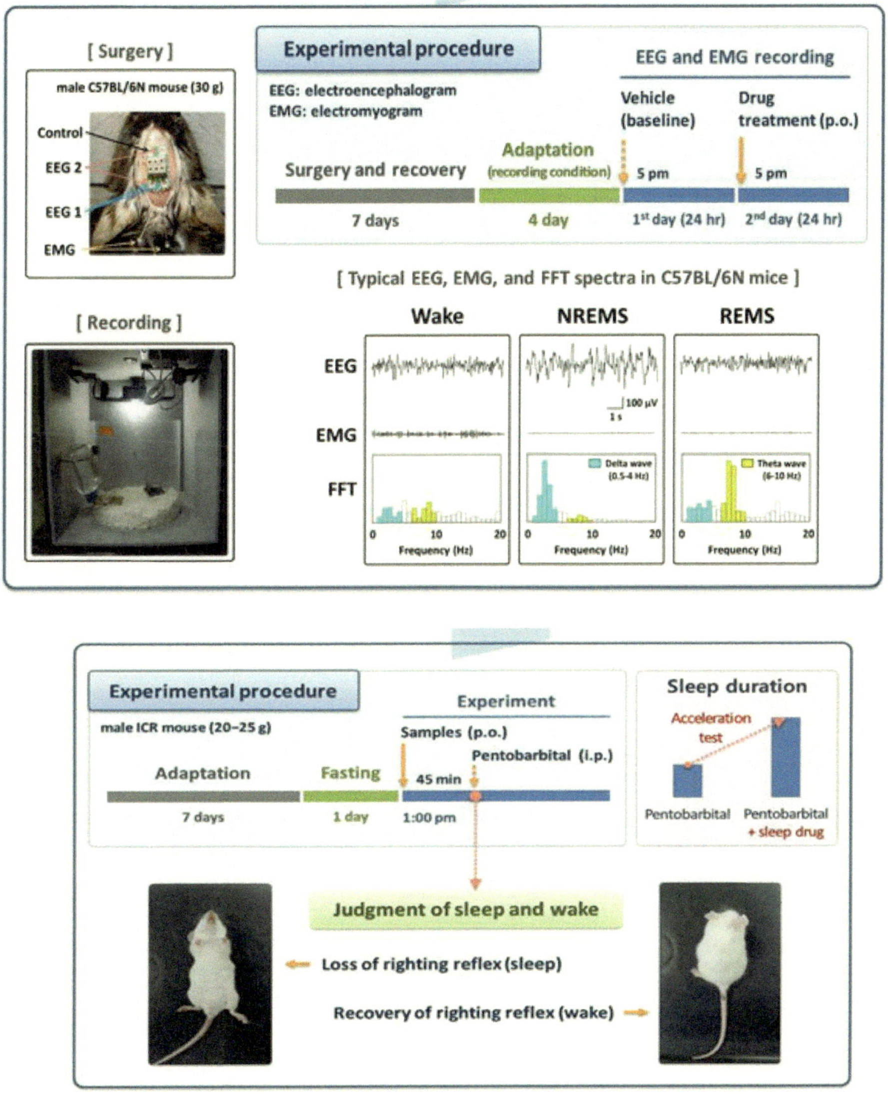

그림 2-63 동물 적용 실험 결과

6) 시제품의 수면기능성 평가

- 감태를 추출 및 정제한 phlorotannin 정제물(PRT)에 대하여 pentobarbital에 의한 수면 유도 효과를 알아본 결과(Fig. 8), 용량 의존적인 sleep latency의 감소와 sleep duration의 증가가 나타나 수면증진 효과가 뛰어난 것으로 확인됨

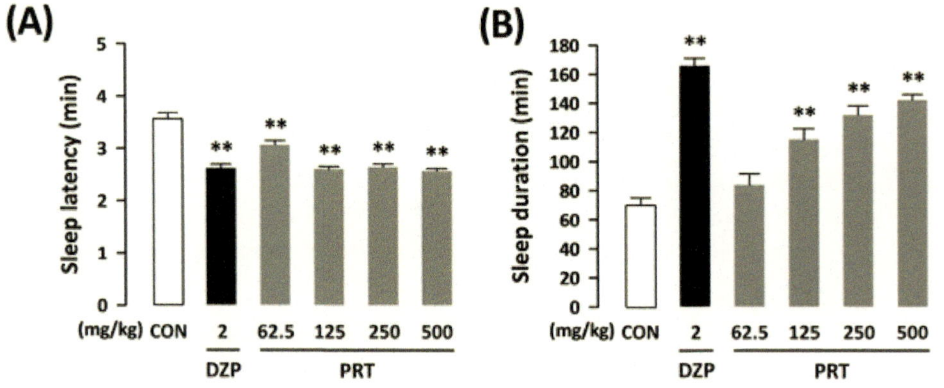

그림 2-64 시제품의 수면기능성 평가 결과

9. 인지기능 및 기억력 개선

인지능력(cognition)은 인간이 정보를 받아들이고, 이해하고, 저장하고, 활용하는 모든 정신적 과정의 총합이다. 지각, 주의, 기억, 언어, 판단, 문제 해결, 집행 기능 등 다양한 하위 요인들이 통합되어 작동한다. 이러한 인지능력은 단순히 "암기나 사고력"을 의미하는 것이 아니라, 학교 교육, 직업 활동, 사회적 상호작용, 감정 조절 등 인간의 전 생애 기능을 좌우하는 핵심 역량이다.

기억력은 단순히 정보를 저장·회상하는 능력을 넘어, 인간의 학습·의사결정·정체성 형성의 핵심 기반을 이루는 인지 기능이다. 학문적 성취와 직업적 수행 능력뿐 아니라, 일상생활의 독립성 유지, 사회적 관계 형성, 감정 조절 등 모든 영역이 기억력과 긴밀하게 연결되어 있다. 따라서 기억력은 단순 인지 기능 중 하나라기보다 뇌 건강의 종합적 지표로 간주된다. 특히 고령화 사회에서 기억력 유지와 개선은 치매 위험을 줄이고 건강수명을 연장하는 데 중요한 연구 및 교육적 주제가 되고 있다. 2025년 현재 인지능력 개선 원료로는 "참당귀뿌리추출물, 참당귀추출분말(Nutragen), 섬쑥부쟁이추출분말, 흰목이버섯추출분말, *Lactobacillus plantarum* C29 프로바이오틱스와 발효대두분말의 복합물(DW2009), 천마추출물, 황칠나무잎·줄기추출물, 강황추출물, 피롤로퀴놀린퀴논이나트륨염" 등 총 10개 원료가 기억력 개선 원료로는 "BT-11 원지추출분말, 당귀등추출복합물, 비파엽추출물, 구기자추출물, 천마등복합추출물(HX106), 유산균발효다시마추출물, 피브로인추출물 BF-7, 포도블루베리추출혼합물(MemophenolTM), 참깨박추출물, 열처리녹차추출물, 현삼추출물, 스피루니라추출물, 새싹인삼추출분말" 등 총 13개 원료가 개별인정형 원료로 등재되어 있다.

(1) 개요

1) 뇌의 구조와 신경세포

① 뇌의 구조

뇌는 인지, 정서, 행동과 판단 등에 영향을 미치는 인간의 가장 중요한 신체부위 중의 하나이다. 뇌는 구조상 좌우의 반구와 간뇌로 이루어져 있으며, 이는 대뇌, 소뇌, 간뇌, 뇌간(중뇌, 뇌교, 연수)으로 구분된다. 대뇌(cerebrum)는 기억과 판단을 관장하는 정신활동 및 감각과 수의운동의 중추로서, 대부분의 행동을 통합하고 조절하는 기능을 한다. 대뇌 표면은 수많은 주름으로 이루어져 다양한 뇌 구성 세포들이 여러 층으로 구성되어 있고, 약 1,000

억개의 뇌세포가 있다. 해마(hippocampus)는 내측두엽 안에 위치하면서 다양한 기능별 뇌 부위와 복합한 네트워크를 구성하고 변연계와 구조적으로 밀접한 관계가 있으며, 학습과 기억 형성에 중추역할을 한다. 기억 형성에 문제가 있는 노인의 경우, 일반적으로 해마가 위축되어 있으며, 신경세포의 손상 정도가 높은 것으로 알려져 있다.

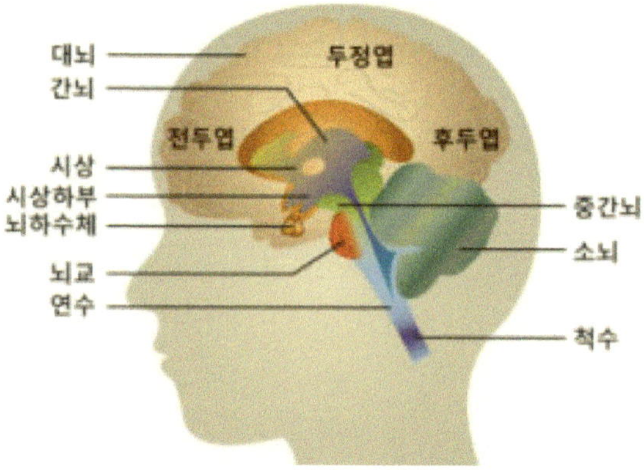

그림 2-65 뇌의 구조 [출처: 이해하기 쉬운 건강기능식품, 2019]

② 신경세포

뇌는 뉴런(neuron)과 신경교세포(glial cell)라는 지지세포(supporting cell)로 이루어져 있다. 뉴런은 신경계를 구성하는 기본단위로 받은 자극을 다른 세포로 전달하는 기능을 감당한다. 신경교세포는 지지작용, 탐식작용 및 영양공급 작용을 통해 뉴런을 보호하고 뉴런의 기능을 보조하는 역할을 한다. 신경계를 구성하고 신경활동을 담당하는 기본 단위인 뉴런은 자극을 받으면 이를 전기 신호화하고, 뉴런의 말단에서 신경전달물질(neurotransmitter)을 분비함으로써 다른 세포들에게 자극 정보를 한쪽의 일정한 방향으로 전달한다. 따라서 이러한 특징이 신경세포의 신호 전달의 방향성과 신경물질에 따른 신호의 강도를 결정하게 된다.

뉴런의 구조는, 핵을 포함한 세포체(nerve cell body), 수상돌기(dendrite), 축삭돌기(axon), 신경종말(axon terminals)로 이루어져 있다. 신경종말의 작은 주머니 안에는 신경전달물질이 저장되어 있으며, 자극에 따라 이를 시냅스로 분비하여 다음 뉴런으로 정보를 전달한다. 신경세포가 손상되면 정상적인 뇌기능을 할 수 없게 되며, 일단 손상되면 다시 재생되지 않기 때문에 신경세포를 건강하게 유지하는 것이 중요하다.

2) 인지기능

뇌의 지능(intelligence)을 이용하여 문제를 인식하고 해결할 수 있는 방법 또는 과정을 생각해내는 능력을 인지능력(cognition)이라고 할 수 있으며 문제를 해결하는 방법을 생각해내기 위해서는 과거의 체험 등을 응용하게 되는데 이 때 과거의 체험을 기억해 낼 수 있는 기억력이 필요하게 된다.

인지(라틴어: cognoccere로 아는 것, 개념화하는 것, 또는 인식하는 것)란 정보를 가공하는 과정, 지식을 적용하는 것 및 적용사례 바꾸는 능력으로 정의될 수 있으며 사용하는 분야에 따라 인지(력)의 의미가 달라질 수 있다. 그 예로 심리학과 인지과학에서는 인지는 개인의 정보처리 능력을 의미하며 인지력의 발달된 다른 개념으로 개인의 심리상태 집단 및 조직 간의 사회적 연결기능을 포함한다.

3) 기억력

① 정의

(1) 정의

기억(memory)이란, 정보의 저장과 유지, 그리고 회상의 일련의 과정을 의미한다. 기억의 첫 번째 단계인 저장(encoding)은 외부로부터 온 정보를 화학적, 물리적 자극의 형태로 우리의 감각기관을 통해 받아들이는 것이다. 유지(storage)는 그 두 번째 단계로 정보를 시간이 지남에도 계속 유지할 수 있게 하는 과정이다. 마지막으로 회상(retrieval)은 저장되어 있는 정보를 찾아내서 의식수준으로 끌어내는 것을 의미한다. 이러한 회상은 정보의 종류에 따라서는 노력 없이도 의식수준으로 끌어올 수 있는 경우도 있다.

② 기억의 분류

A. 감각기억(sensory memory)

감각기억은 극히 짧은 시간에 기억되다가 순간적으로 사라지는 기억이다. 감각지역에서는 그 내용을 기억 속에 두고 유지시키려면 주의를 기울여서 정보가 몇 초 동안 더 지속되게 해야 한다. 시각적 자극은 0.5초 정도, 청각적 기억은 2초 정도로 굉장히 짧은 시간 내에 사라진다.

B. 단기기억(short-term memory)

단기기억이란 새로운 정보를 받아 등록된 정보가 1차적으로 저장되는 것으로 수초에서 수분 내에 회상해 낼 수 있는 기억을 의미하며 작업기억(working memory)의 중요요소이다. '단기기억'이라는 용어는 인지과학 초기에 사용한 용어로, 장기기억과의 대비를 강조한 용어이다. 반면, '작업기억'은 기억의 역동적·과정적 측면을 강조하기 위한 용어이다. 작업기억의 용량은 7±2 개 혹은 그 이하로 매우 제한적이다. 과거 전화번호가 7가지 숫자로 이루어져 있었던 것도 이러한 이유이다. 하지만, 묶는 전략을 쓰면 더 늘릴 수 있다. 예를 들면, 전화번호 123-456-7890과 같이 묶어서 암기하면, 10개를 개별로 외우는 것보다 쉽다. 이것이 많은 국가에서 전화번호를 묶어서 표시하는 이유이기도 하다. 단기기억은 새로운 정보를 장기기억으로 저장하기 위해 거치는 단계로, 단기기억에 머무는 시간은 평균 3초 내지 5초, 길어야 30초이다.

자극 정보는 시각적, 청각적(언어적) 형태로 변환된다. 단기기억은 용량에 제한이 있고, 자극에 주의를 주지 않으면 새로운 자극에 의하여 대치되어 망각된다. 쉽게 말해 컴퓨터의 RAM 같은 역할을 하는 것으로, 하드디스크에 저장하기 위한 일련의 과정과 각종 정보처리가 일어나는 곳이다. 단기기억에 관련되는 뇌 부위는 전두엽, 특히 전전두엽이 담당하는 것으로 다양한 뇌영상 연구들을 통해 제안되었다.

C. 장기기억 (long-term memory)

단기기억으로 임시 저장된 기억이 반복 또는 저장된 다른 정보와의 연합을 통해 강화되어 더 영구적인 형태로 유지되는 것이 장기기억이다. 이 저장 과정은 항상 연습과 시연(rehearsal)을 통한 노력이 요구되는 능동적인 과정을 거치기도 하고, 일부 정보는 우리의 삶을 통해서 수동적으로 저장된다.

장기기억은 세 가지 특성을 가진다. 첫째는 선택성으로, 아무 자극이나 장기기억으로 남지 않고, 자기에게 중요한 정보만을 선별하여 장기기억으로 저장하게 된다. 둘째는 영속성이다. 동물의 기억이 10분 내외인 반면, 인간이 과거에 일어난 경험들도 언제든지 기억에서 불러올 수 있는 것처럼 항상 역동적으로 변화하는 시냅스 연결망들이 수십 년간 장기기억을 유지하는 것이다. 셋째는 유전자의 발현이 조절되어 새로운 단백질이 합성되고, 시냅스에서 새로운 돌기가 형성되어 단기기억이 장기기억으로 바뀌게 된다. 단기기억은 용량이나 지속시간이 제한되는 반면, 장기기억은 용량이 훨씬 더 크고, 평생 지속되기도 한다. 예를 들면, 불규칙한 7 단위 숫자는 보통은 겨우 수 초간 유지할 수 있어 단기기억으로 분류되지만, 전화번호는 반복적으로 정보를 활용함으로써 수년 동안 기억할 수 있게 되어, 장기기억으로 저장되었다고 말할 수 있다. 단기기억의 저장(encoding)이 소리를 통한 전략을 구사한다면, 장기기억은 의미(semantics) 전략을 통해 저장(encoding)된다.

<표 2-22. 기억의 분류 및 특성 비교>

특징	감각기억	단기(작업)기억	장기기억
정보의 유입	주의 필요 없음	주의 필요	시연(되뇌임)
정보의 지속	불가능	주의 지속	반복
정보의 유형	유입 정보	음운적, 시각적, 의미적	의미적(주로), 시각적, 청각적(일부)
수용 능력	작음	작음	무제한
기억의 상실	쇠퇴	대치, 쇠퇴	간섭, 인출 실패
흔적 지속시간	0.5-2초	3-15(20)초	수분, 수년
인출	읽어냄	자동적 처리 의식된 것 시청각적 단서	검색과 재구성

4) 기억력 및 인지능력에 영향을 미치는 요인

① 신경전달물질 및 시냅스 가소성(plasticity) 조절

신경전달물질(neurotransmitter)은 하나의 신경에서 또 다른 신경 세포로 시냅스(synapse)를 통해 신호를 전달하는 내인성 화학물질(endogenous chemicals)이다. 신경전달물질의 전달과정은 다음 그림 2-66과 같다. 신경전달물질은 시냅스전 뉴런(presynaptic neuron)의 축색말단부(axon terminal)에서 시냅스 소포로 포장된다. 신경전달물질은 시냅스 간극(synaptic cleft)으로 방출되고 확산되어 시냅스후 뉴런(postsynaptic neuron)의 막에 있는 특정 수용체에 결합하여 고유한 작용을 나타낸다. 그리고 시냅스 간극에 있는 신경전달물질들은 신경전달물질 운반단백질(neurotransmitter transporter)에 의해 시냅스 전 뉴런으로 되돌아가 재합성되기도 하고, 시냅스 간극에 있는 분해효소들에 의해 분해되기도 한다. 인지능력 및 기억력과관련된 가장 대표적인 신경전달물질로는 아세틸콜린(acetylcholine, ACh)을 들 수 있다.

아세틸콜린은 콜린 전달효소에 의해 뇌신경세포내에서 생산되고 시냅스 간극으로 방출된 후 시냅스 후 뉴런의 아세틸콜린 수용체에 붙어 콜린성 신경전달(cholinergic neurotransmission)을 일으키는데 시냅스 간극에 있는 아세틸콜린에스테라아제(acetylcholinesterase)에 의해 분해 되어 작용을 마치게 된다. 인지능력 및 기억력 저하는 아세틸콜린에스테라아제의 증가로 더욱 심화된다. 콜린에스테라아제는 아세틸콜린에스테라아제(AChE)외에, 부틸콜린에스테라아제(BuChE)가 있는데, BuChe는 AChE에 비해 아세틸콜린에 대한 친화성이 비교적 낮지만, 높은농도의 아세틸콜린 조건에서 중요한 역할을 하는 것으로 알려져 있다.

그림 2-66 아세틸콜린에스테라아제의 작용
[출처: Campanari ML et al., 2016]

A. 시냅스(synapse)와 시냅스 가소성(synaptic plasticity)

해마에 전기적 자극이 전달되어 활성화되면 신경전달물질인 글루타메이트(glutamate)가 시냅스 전(presynaptic site)의 축삭말단(axon terminal)에서 분비되어 시냅스 후(postsynaptic site)에 흥분성 반응을 일으킨다. 분비된 글루타메이트는 α-amino-3-hydroxy-5-methyl4-isoxazole propionic acid(AMPA)나 N-methyl-D-aspartate(NMDA) 수용체에 작용한다. AMPA 수용체를 통하여 Na^+ 이온이 세포 내로 유입되고 K^+ 이온이 세포 외로 이동하여 탈분극(depolarization)이 일어남으로써 전기적 신호가 형성, 전달된다. NMDA 수용체는 휴지기에는 Mg^{2+} 이온에 의하여 막혀있으나, 지속적인 자극에 의해 전위변화가 생기면 Mg^{2+} 이온이 제거되어 세포 내로 Na^+와 Ca^{2+} 이온을 유입시킨다. Ca^{2+}의 투과는 신경세포 안에서 단백질 발현에 관련하여 여러 중요한 역할을 한다. 시냅스 가소성은 시냅스에서 AMPA와 NMDA 수용체 수의 변화로 시냅스의 기능이 강화되거나 약화되는 것을 의미하며, 기억력의 강화와 관련하여 중요한 메커니즘으로 여겨진다.

니코틴성 아세틸콜린 수용체(nAChR)는 아세틸콜린 수용체 중의 하나로, 인지능력과 관련되어 있고 알츠하이머 질환에서 중요한 역할을 하는 것으로 알려져 있다. 치매치료제 중, Galantamine는 AChE억제의 역할을 하며 nicotinic receptor와의 구조적 유사성으로 인한 잠재력이 예상되고 있다. 따라서, nAChR 의 양을 높인다면, 시냅스의 기능강화를 통해 인지기능 향상효과를 얻을 수 있다.

B. 장기강화(long-term potentiation, LTP)

장기강화(long-term potentiation, LTP)는 두 신경세포의 신호전달이 지속적으로 향상되는 현상을 말한다. 신경세포는 시냅스 결합을 통하여 신호전달을 하며, 기억은 이 시냅스에 단백질의 형태로 축적되어 있다고 여겨진다. 장기강화는 학습과 기억의 형성 및 강화의 주요 세포학적 메커니즘의 하나로 여겨지고 있다. 장기강화는 시냅스 후 NMDA 및 AMPA 수용체 수의 증가로 시냅스 전 뉴런과 시냅스 후 뉴런이 시냅스를 통해 신호를 전달하는 능력을 증가시킨다. 현재 장기강화의 기초생물학적 이해 및 장기강화와 행동학적 학습의 인과관계 관하여 활발한 연구가 진행되고 있으며, 장기강화를 유도할 수 있는 약리학적 방법 등의 개발도 진행되고 있다. 아래의 그림은 장기강화의 단계를 도식화한 것으로, 장기강화는 먼저 냅스에 지속적으로 자극이 전달된 후, 시냅스 후 수용체 수가 증가하고, 그와 관련된 신경전달물질의 분비가 증가하여, 시냅스 간 연결이 강화되는 과정을 거친다.

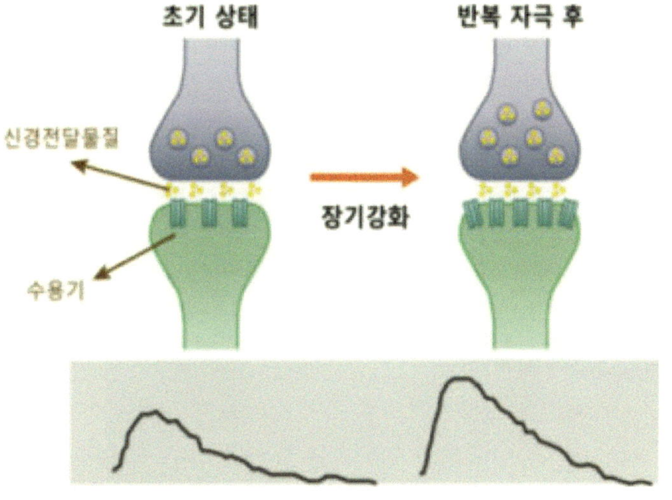

그림 2-67 시냅스에서의 장기강화 모식도
[출처: Bliss TV, 1993]

② β-amyloid protein 축적 억제

β-amyloid protein(Aβ)은 아밀로이드전구단백질(amyloid precursor protein, APP)이 절단효소(secretase)에 의해 끊어짐으로 인해 생성된다. 아밀로이드전구단백질을 절단하는 효소는 3종이 있으며, 각각 α-, β- 및 γ-secretase로 지칭한다. 정상 상태에서는 α와 γ-secretase가 아밀로이드전구단백질을 절단하여 용해되어 배출이 쉬운 β-amyloid protein이 생성되지만, 알츠하이머병에서는 β-와 γ-secretase에 의하여 응집성이 강한 β-amyloid protein이 생성되어 세포 내에 축적하게 된다. 축적된 β-amyloid protein는 섬유상(fibril)으로 응집하여 노인반을 생성하고, 신경독성을 나타내서 세포를 공격하여 파괴한다.

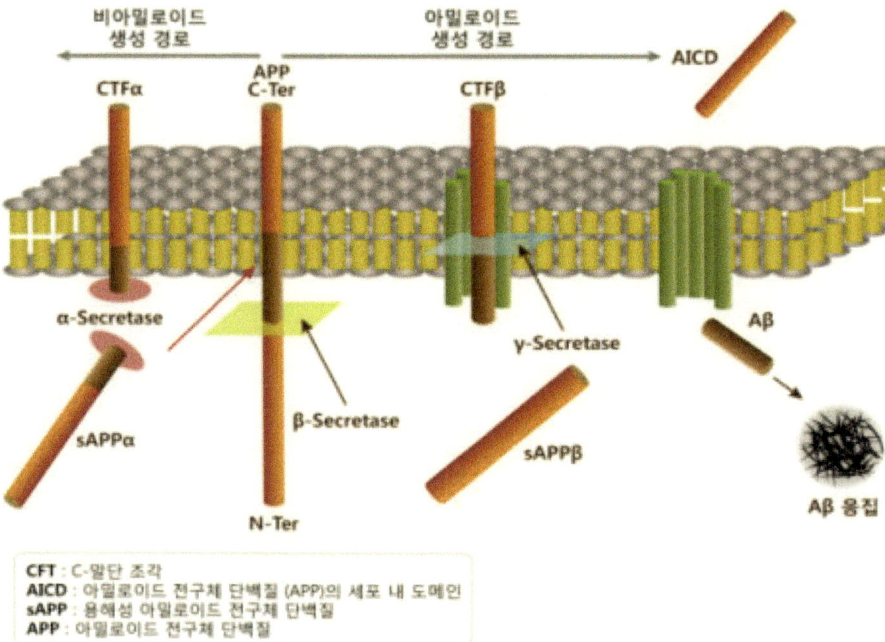

그림 2-68 β-amyloid protein의 생성
[출처: Picone P et al., 2014]

③ Tau protein의 과인산화 억제

타우단백질(tau protein)은 중추신경계 특히 신경세포의 축색돌기에 주로 존재하는 것으로 미세소관(microtubule)을 안정화시키는 역할을 한다. 타우 단백질 응집의 원인은 정확히 밝혀지지 않았지만 타우단백질의 과인산화(hyperphosphorylation) 현상이 미세소관의 결합을 약화시키고 응집현상을 증가시킨다고 보고되고 있다. 타우단백질의 과인산화로 타우단백질이 미세소관으로부터 떨어져 미세소관의 안정성을 약화시키게 되고 이는 신경세포의 축삭이동 이상을 가져와 퇴행을 야기 시킨다. 또한 과인산화된 타우단백질의 독성은 응집을 유발하고 결국 섬유화 형태의 엉킴으로 neurofibrilary tangle(NFT)를 형성한다.

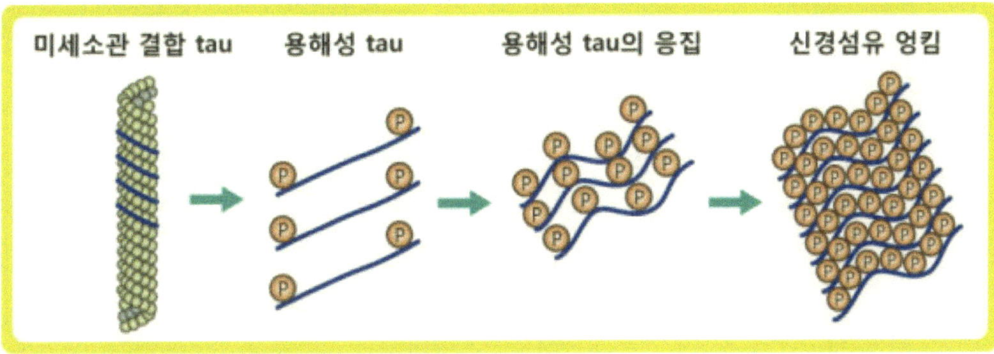

그림 2-69 타우 단백질의 생성
[출처: Citon M, 2010]

④ 신경염증 억제

신경염증(neuroinflammation)은 신경 조직에 염증이 생긴 것으로, 외상성 뇌손상(traumatic brain injury), 감염(infection), 자가면역(autoimmunity) 등 여러 가지 원인에 의해 발생한다. 중추신경계에서의 신경염증은 신경퇴행성질환(neurodegenerative disease)의 중요한 병인인 미세아교세포(microglia) 및 별아교세포(astrocytes)의 활성화를 동반한다.

신경염증에 의하여 활성화된 별아교세포는 보체 활성제(complement activators), 케모카인(chemokines), 사이토카인(cytokines), 유리라디칼(free radical) 등의 염증성 인자를 분비하여 신경세포의 괴사를 촉진하게 된다.

⑤ 신경세포사멸 억제를 통한 신경세포보호

세포사멸(apoptosis)은 세포의 항상성 유지를 위한 중요한 기전으로 능동적인 세포사멸 과정이다. 형태적으로 세포의 비중감소, 세포막의 파괴, 핵 응축 등과 더불어 세포 내부의 물질들이 사멸체(apoptotic body)라는 포낭을 형성하면서 식세포작용을 거친다. 반면, 세포사멸의 비정상적인 조절은 신경퇴화 등에 관여하여 결과적으로 기억력에 영향을 미치는 것으로 알려져 있다. 세포사멸을 유발하는 경로는 내인성과 외인성 경로로 구분된다. 내인성 경로는 DNA 손상, 활성산소종(reactive oxyzen species, ROS) 등의 자극에 의해 유발되며, 이런 자극은 미토콘드리아 전위조절 능력을 파괴시켜, cytochrome c등을 세포질로 유출시킨다.

Cytochrome c는 apoptotic protease activating factor 1 (APAF1) 및 caspase-9과 결합하여 'apoptosome'을 형성한 후 caspase-3를 활성화시켜 세포사멸을 유도한다. 외인성 경로는

세포벽의 CD95(Fas) 수용체에 CD95L(fas ligand, FasL)이 결합하여, fas-associated protein with death domain(FADD)이 동원되어 세포사멸을 유발시킨다. FADD는 procaspase 8을 동원하고, caspase 8로 분해되어 caspase-3을 형성한다. Caspase-3은 핵내 DNA를 분해하여 세포사멸을 일으킨다.

⑥ 산화스트레스 억제

산소는 생체 내에서 영양소를 산화시켜 에너지를 만들어내기도 하지만, 이 과정에서 생성되는 ROS는 반응성이 강하여 세포막, DNA, 단백질 등을 공격한다. 체내에는 과잉의 활성산소를 제거하기 위해 자체적으로 항산화 방어체계를 갖추고 있으나, 이러한 항산화 방어체계가 잘 작동되지 않으면 노화가 가속화되고 각종 질병이 발생하는 위험도는 증가하게 된다.

뇌는 글루타티온(glutathione, GSH) 함량이 낮은 반면 불포화지방산과 Fe, Al, Cu 등과 같은 metal의 함량이 높고, 대사과정에 산소가 필수적인 이유 등으로 산화 스트레스에 손상당하기 쉬운 장기이다. 이로 인해 DNA의 붕괴, 세포막 손상, 단백질 산화, 신경세포 사멸과 관련되는 신경퇴행성 변화를 일으킬 수 있다. 특히, 알츠하이머병의 원인물질로 제시되고 있는 β-amyloid는 아밀로이드전구단백질이 β, γ-secretase라 불리는 단백질 분해효소에 의해 생성되는 단백질로서 reactive oxygen intermediates(ROI), superoxide anion(O2·), hydrogen peroxide(H_2O_2), 4-hydroxynonenal(HNE)등 스스로 ROS 생성에도 관여하는 것으로 알려져 있다. 뿐만 아니라 기억력 저하를 특징적으로 보이는 노인을 대상으로 혈청 내 비타민 E 수준을 조사한 역학연구에서, 혈액 내 tocopherol 수준과 기억력 손상과 상관관계가 있는 것으로 나타났다.

(2) 인지기능/기억력 개선의 의의

2018년 통계청이 보도한 자료에 의하면 2018년 65세 이상 인구는 738만1천명으로 전체 인구 중 14.3%를 차지하고 생산가능인구(15~64세 인구) 100명당 65세 이상 인구를 뜻하는 노년부양비는 19.6명에서 저출산·고령화의 영향으로 2060년에는 82.6명으로 증가할 전망이다. 또한 유소년인구(0~14세 인구) 100명당 65세 이상 인구(노령화지수)는 2016년 100.1명으로 0~14세 인구를 넘어서, 2018년 110.5명, 2020년에는 434명을 돌파할 것으로 예상하고 있다(그림7). 또한, 2017년 치매 환자수는 70만명으로 2050년에는 303만명으로 4.3배 증가할 것으로 예상된다(그림8). 이에 따라 치매 관리 비용 역시 2015년 약 13조 2,000억원에서 2050년 106조 5,000억원으로 8.1배 늘어날 것으로 추정된다.

30세 이후부터 뇌세포는 감퇴되기 시작하며, 지속적인 스트레스, 과도한 알코올 섭취, 약물, 수면부족, 우울 등은 뇌세포의 피로를 증진시켜 기억력을 떨어뜨릴 수 있다. 또한 고령화로 인해 자연적으로 또는 치매 등의 퇴행성 질환에 의해 인지기능이 감퇴된 경우 본인의 사회 활동뿐 아니라 주변인들의 생활에 많은 장애를 초래한다. 따라서 기억력 및 인지능력을 개선시키는 것은 다양한 뇌세포 손상물질로부터 뇌세포를 보호하고 기능을 활성화시키는 것을 의미한다. 신경세포와 정상적인 두뇌활동에 필요한 산소와 영양소를 원활하게 공급해 주고, 신경세포의 손상을 일으키는 요인을 줄이면 기억력 및 인지능력 개선에 도움을 줄 수 있다.

(3)바이오마커

<표 2-23. 인지능력 개선의 기능성 평가를 위한 유형별 바이오마커>

구분		바이오마커	측정 가능한 연구유형		
			In vitro	*In vivo*	Human
신경세포 보호	신경세포 사멸 억제	세포생존율	○		
		미토콘드리아 막전위차	○		
		세포사멸 관련 단백질 및 유전자 발현 (bax, Bcl-2 family, PARP, caspase 등)	○	○	
β-amyloid 형성 및 축적 억제		β-amyloid protein		○	○
		Secretase(-α ,-β. -γ)	○	○	○
		Presenilin 1/2	○	○	
Tau protein 과인산화 억제		Tau protein/phospho-tau protein	○	○	○
신경염증 억제		Cytokine(TNF-α, IL-1β. PGE2 등)	○	○	○
		Cycloxygenase-2	○	○	
		NF-κB 발현	○	○	
		MAPKS(ERK, JNK, p38MAPK)	○	○	
		NO, INOS	○	○	
신경전달 물질 및 시냅스 가소성 조절	신경전달 물질 생성, 분비 및 대사 조절	Acetylcholine, acetylcholinesterase	○	○	
		Choline acetyltransferase	○	○	
		Butylcholinesterase	○	○	
	시냅스 가소성	N-methyl-D-aspartate receptor(NMDAR)		○	○
		Nicotinic acetylcholine receptors(nAChR)			
		Metabotrophic glutamate receptor(mGluR)	○	○	
		Calcium/calmodulin-dependent protein kinase (CaMK)	○	○	
		MAPKS(ERK. JNK. p38MAPK)		○	
		Postsynaptic density-95(PSD-95)	○	○	
		CREB	○	○	
		BDNF	○	○	○

산화스트레스 억제	Reactive oxygen species	○	○	○
	항산화효소 활성(SOD, GPx, catalase)	○	○	○
	글루타티온(glutathione)	○	○	○
	8-oxo-2'-deoxyguanosine (8-OH-dG)	○	○	○
	지질과산화(MDA 등)	○	○	○
동물행동시험	모리스수중미로시험(morris water maze test)		○	
	수동회피시험(passive avoidance test)		○	
	팔방미로시험(radial arm maze test)		○	
	반스미로시험(barnes maze test)		○	
	신물질탐색시험(novel object recognition test)		○	
임상적 평가	뇌 영상 촬영(fMRI, SMRI, DTI, MRS, PET)		○	○
	한국판 웩슬러 성인용 지능검사 4판			○
	Kims 전두엽-관리기능 신경심리검사			○
	한국판 몬트리올 인지평가(MoCA-K)			○
	CANTAB			○
	Stroop test			○
	MMSE			○
	ADAS-Cog			○

<표 2-24. 기억력 개선의 기능성 평가를 위한 유형별 바이오마커>

구분		바이오마커	측정 가능한 연구유형		
			In vitro	*In vivo*	Human
신경세포 보호	신경세포 사멸 억제	세포생존율	○		
		미토콘드리아 막전위차	○		
		세포사멸 관련 단백질 및 유전자 발현 (bax, Bcl-2 family, PARP, caspase 등)	○	○	
β-amyloid 형성 및 축적 억제		β-amyloid protein		○	○
		Secretase(-α ,-β. -γ)	○	○	○
		Presenilin 1/2	○	○	
Tau protein 과인산화 억제		Tau protein/phospho-tau protein	○	○	○
신경염증 억제		Cytokine(TNF-α, IL-1β. PGE2 등)	○	○	○
		Cycloxygenase-2	○	○	
		NF-κB 발현	○	○	
		MAPKS(ERK, JNK, p38MAPK)	○	○	
		NO, INOS	○	○	
신경전달 물질 및 시냅스 가소성 조절	신경전달 물질 생성, 분비 및 대사 조절	Acetylcholine, acetylcholinesterase	○	○	
		Choline acetyltransferase	○	○	
		Butylcholinesterase	○	○	
	시냅스 가소성	N-methyl-D-aspartate receptor(NMDAR)		○	○
		Nicotinic acetylcholine receptors(nAChR)			
		Metabotrophic glutamate receptor(mGluR)	○	○	
		Calcium/calmodulin-dependent protein kinase (CaMK)	○	○	
		MAPKS(ERK. JNK. p38MAPK)		○	
		Postsynaptic density-95(PSD-95)	○	○	
		CREB	○	○	
		BDNF	○	○	○

산화스트레스 억제	Reactive oxygen species	○	○	○
	항산화효소 활성(SOD, GPx, catalase)	○	○	○
	글루타티온(glutathione)	○	○	○
	8-oxo-2'-deoxyguanosine (8-OH-dG)	○	○	○
	지질과산화(MDA 등)	○	○	○
동물행동시험	모리스수중미로시험(morris water maze test)		○	
	수동회피시험(passive avoidance test)		○	
	팔방미로시험(radial arm maze test)		○	
	반스미로시험(barnes maze test)		○	
	신물질탐색시험(novel object recognition test)		○	
임상적 평가	뇌 영상 촬영(fMRI, SMRI, DTI, MRS, PET)		○	○
	한국판 웩슬러 성인용 지능검사 4판			○
	Kims 전두엽-관리기능 신경심리검사			○
	한국판 기억평가검사			○
	숫자외우기 검사			○
	한국판 몬트리올 인지평가(MoCA-K)			○
	CANTAB			○
	ADAS-Cog			○

(4) 제품 개발 사례 - I (인지능력 개선)

1) 제목: 산림자원(천마)을 활용한 기능성 식품 산업화 연구

2) 연구 요약

- 천마 외 혼합추출물의 지표성분을 확립하고 validation을 수행하였으며, 인체적용시험 시작품을 생산하고 품질관리(안정성) 시험을 완료하였다. 문헌 분석을 통해 천마외 혼합추출물의 안전성 및 기능성 근거자료를 확보하였고, 인체적용시험을 수행하여 작업집중력 및 작업기억력 개선효과 입증자료를 확보하였다. 개별인정형 기능성원료 신청 문건을 작성하고 식약처에 제출하였다.

HT22 세포주에 글루타메이트와 HX106N을 농도별로 처리 후 흡광도를 측정한 시험 결과, HX106N은 HT22 세포주에서 글루타메이트에 의해 유도되는 세포 사멸을 효과적으로 보호하였다. BV-2 세포주를 100 mM LPS와 HX106N을 농도별로 처리 후 Griess assay를 통해 nitrite 생성 억제 여부를 확인한 결과, HX106N은 LPS에 의해 유도된 염증반응을 효과적으로 억제하였다.

Mouse 의 뇌를 적출하여 homogenization 을 한 후 원심분리하여 상등액을 취하고 acetyl仰ocholine iodide와 5,5 '-Di加obis를 첨가한 후 HX106N에 의한 AChE 활성을 측정한 결과, 마우스 뇌 균질액과 HX106N을 함께 처리하였을 때, HX106 농도 의존적으로 AChE의 활성을 억제하였다.

HT22 마우스 신경 세포주에 1 mg/m≪ 농도의 천마 외 혼합 추출물의 항산화 유전자 발현에 미치는 영향을 microarray로 조사하였고, 항산화 효과를 가지는 유전자 중에서 천마 외 혼합 추출물 처리 시 아무것도 처리하지 않은 대조군에 비해 1.5 배 이상 증가한 유전자들을 발굴하였다. 발굴한 유전자들에 대해 Northern blotting analysis를 통하여 유전자 발현을 재확인한 결과, 천마 외 혼합 추출물은 농도에 비례하여 GClm, HO-1, NQ0-1 과 같은 항산화 유전자의 mRNA 발현을 증가시켰다.

천마 외 혼합 추출물의 구성생약인 천마, 단삼, 용안육, 맥문동의 지표성분으로 각각 gastrodin, salvianolic acid B, ellagic acid, spicatoside A 를 설정하였고, 각각의 지표성분에 대한 분석법을 확립하였다. 분석법의 특이성, 직선성, 정밀성, 정확성, 범위를 확인함으로써 천마 외 혼합 추출물에서 단삼의 지표성분인 salvianolic acid B와 천마의 지표 성분인 gastrodin을 검출, 정량하는 시험법의 validation을 완료하였고, 그 적정함을 확인하였다.

천마 혼합 추출물을 8주간 섭취한 후 뇌영상 촬영결과, 뇌 voxel의 세 개의 cluster에서 FA value의 유의적인 변화가 관찰됨으로써 뇌 백질에서의 유의적인 변화를 확인하였다(p-value < 0.05). Inferior fronto-occipital fasciculus와 inferior longitudinal fasciculus를 포함하는 뇌 좌

반구에서의 유의적인 FA value 변화는 작업 집중력 및 작업 기억력 변화와 유의적인 상관관계를 보였다 (r = 0.30, p-value= 0.01).

3) 관련 data

① HT22 세포주에서의 HX106N의 세포 보호 효과

HT22 세포주를 96 well plate에 3×10^3개의 세포를 배양하고 24시간 뒤에 4 mM 글루타메이트와 HX106N을 농도별로 처리함. 추출물 처리 후 18시간째에 5 mg/ml MTT시약을 첨가하고 10% SDS용액으로 용해하여 흡광도를 측정함. 시험 결과, HX106N은 HT22 세포주에서 글루타메이트에 의해 유도되는 세포 사멸을 효과적으로 보호하였음.

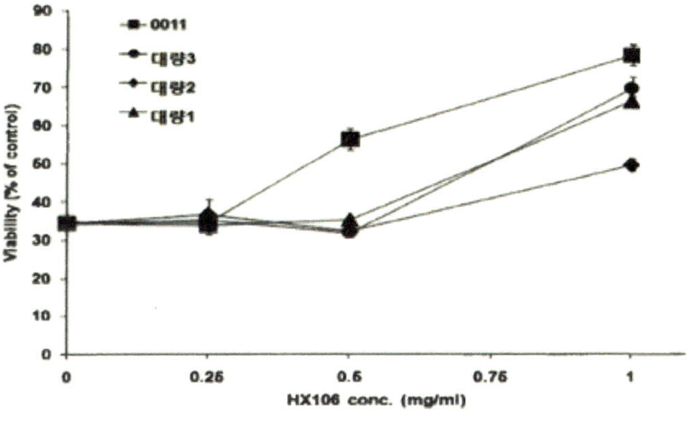

그림 2-70 HT22 세포주에서의 HX106N의 세포 보호 효과

② BV-2세포주에서 HX106N의 Nitrite(NO) 생성 억제 효과

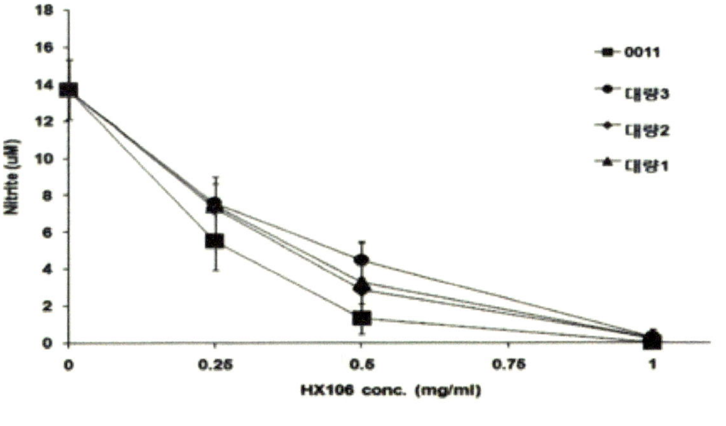

그림 2-71 BV-2세포주에서 HX106N의 Nitrite(NO) 생성 억제 효과

③ HX106N의 생체 내 생물학적 활성 연구

Mouse의 뇌을 적출하여 homogenization을 한 후 원심분리하여 상등액을 취하였음. 이 상등액에 acetylthiocholine iodide (sigma)와 5,5′-Dithiobis (2-nitrobenzoic acid, DNTB, sigma)를 첨가한 후 HX106N에 의한 AChE 활성을 측정하였음. 마우스 뇌 균질액과 HX106N을 함께 처리하였을 때, HX106N 농도 의존적으로 AChE의 활성을 억제하였음.

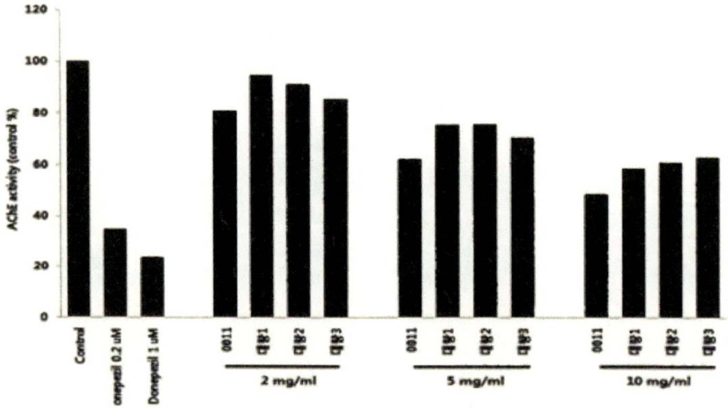

그림 2-72 마우스 뇌 균질액을 이용한 HX106N의 AChE 활성 비교

④ HX106N이 항산화 유전자 mRNA 발현에 미치는 영향

Northern blotting analysis를 통한 유전자 발현 재확인 : HT22 마우스 신경 세포주에 세 가지 농도의 천마 외 혼합 추출물 (0.25, 0.5, 1 ㎎/㎖)을 처리한 뒤 전체 RNA를 추출하였다. RNA는 1% formaldehyde-agarose gel에 전기영동 시킨 뒤 nitrocellurose 멤브레인 (Hybond-N; Amersham, Buckinghamshire, UK)으로 전달하였다. 각 유전자의 mRNA에 특이적인 방사선 표지가 된 프로브를 이용하여 멤브레인의 RNA와 혼성화 하였고, 필름에 노출하여 그 정도를 확인하였다. 결과, 천마 외 혼합 추출물은 농도에 비례하여 GClm, HO-1, NQO-1과 같은 항산화 유전자의 mRNA 발현을 증가시켰고, 이는 microarray 결과와 일치하였다.

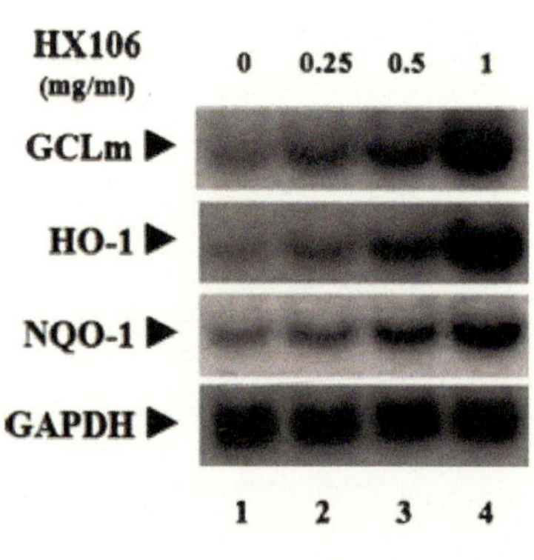

그림 2-73 HT22 마우스 신경 세포주에서 HX106N이 항산화 유전자 mRNA발현 관련 data

⑤ 지표물질 chromatogram

가) Gastrodin standard

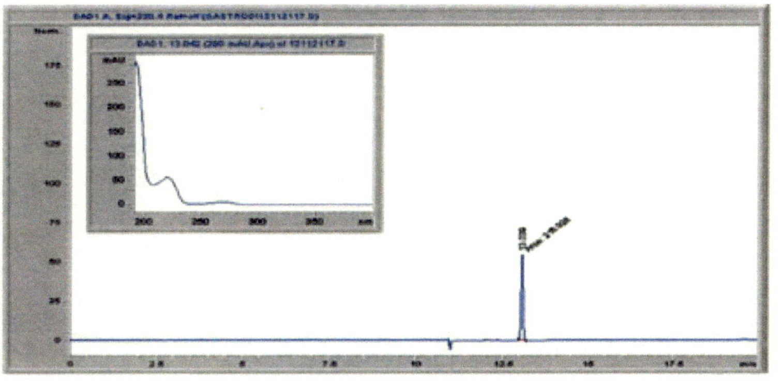

나) 천마 외 혼합 추출물

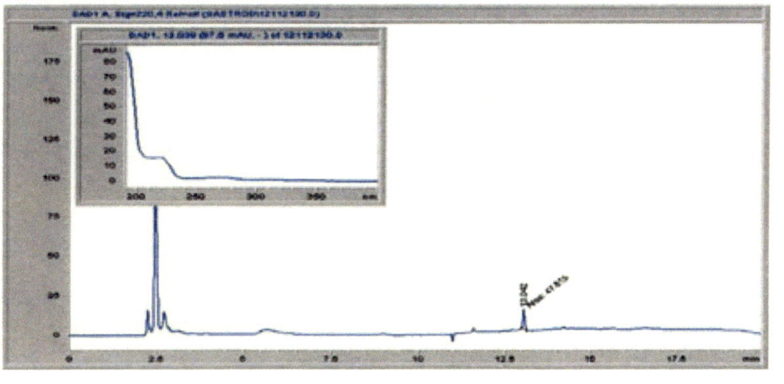

그림 2-74 지표물질 확인 data

⑥ 확산텐서 영상검사 사진

		Cluster size, mm^3	Anatomical location[1] (%of voxels included in the tract)	MNI coordinate[2]
Cluster forming t = 3				
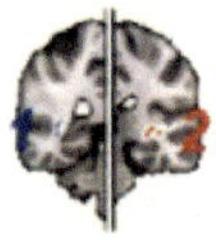	Cluster 1	87	Inferior fronto-occipital fasciculus (59.8%) Inferior longitudinal fasciculus (40.2%)	X = 50.5 Y = 87.8 Z = 71.9
	Cluster 2	289	Inferior fronto-occipital fasciculus (39.8%) Inferior longitudinal fasciculus (38.4%)	X = 129.7 Y = 100.7 Z = 69.0
Cluster forming t = 2				
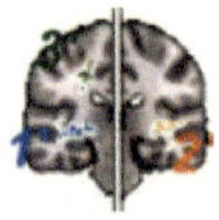	Cluster 1'	1,341	Inferior fronto-occipital fasciculus (32.9%) Inferior longitudinal fasciculus (23.2%) Superior longitudinal fasciculus, temporal part (12.2%)	X = 53.9 Y = 93.9 Z = 71.9
	Cluster 2'	903	Inferior longitudinal fasciculus (40.3%)	X = 130.0 Y = 99.3 Z = 70.3
	Cluster 3'	1,341	Superior longitudinal fasciculus (44.6%) Corticospinal tract (39.7%)	X = 61.9 Y = 94.2 Z = 106.0

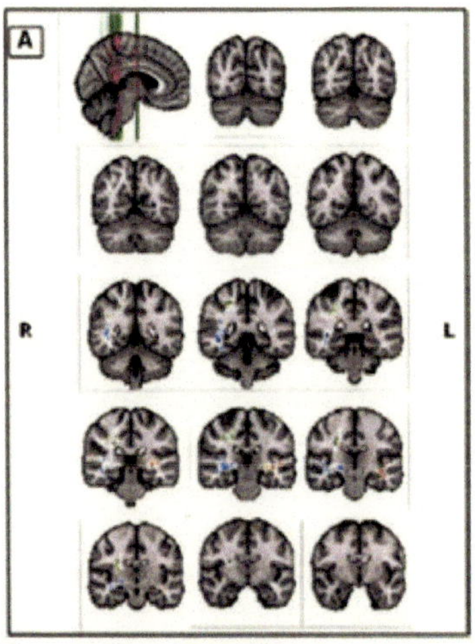

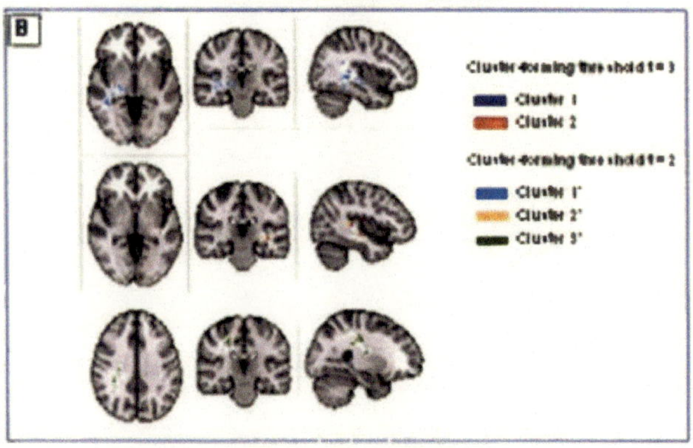

그림 2-75 확산텐서 영상검사 관련 사진

(5) 제품 개발 사례 - II (기억력 개선)

1) 제목: 난대성 지역 특화작물을 이용한 기억력개선 건강기능식품 소재 개발(2013년)

2) 소재 선정

① 비파엽

- 비파엽(Eriobotryae Folium)은 장미과의 상록성 교목인 비파나무[Eriobotrya japonica (Thunb.) Lindl]의 잎으로 과일은 식용하고 잎은 한약재와 차(茶)로 이용되고 있음.
- 비파나무는 주로 동아시아 온대 남부지역에 분포하고 있으며 국내 재배에 관한 구체적인 기록은 찾아보기 어렵고 본격적인 재배는 일제 강점기 일본인 들이 많이 거주하였던 목포, 여수, 진해, 거제지역에 정원에 심기 시작한 것으로 알려져 있으며, 비파엽의 이용은 동의보감(허준)에 사용례가 기술되어 있음.
- 우리나라의 비파나무 재배면적은 약 40ha로 추정되며, 재배는 주로 전남의 완도, 무안, 장흥, 여수, 고흥과 경남의 거제, 진해, 고성 등지에서 재배되고 있음.
- 비파엽추출물 단일성분을 대상으로 수행한 동물실험에서 기억력개선 효과를 확인하였으며, 청소년의 기억력 개선효과에 대한 임상연구가 완료 되어 개별인정형 건강기능식품 원료 인정을 추진하고자 함.

② 단삼

- 단삼은 식품의 부원료로 사용 가능한 원료로 분류되며 식품에서 사용은 저조한 수준임.
- 중국이 원산지이며, 국내에서도 재배가 시작되고 있는 작물임(전남 구례 등).
- 주관기관이 수행한 지역사업기술개발사업에서 단삼의 항치매 활성을 확인
- 선행연구에서 활성이 확인된 비파엽추출물과 단삼추출물을 혼합하여 기억력개선의 시너지 효과가 연구가 필요함.

3) 지표물질

비파염에서는 Quercetin, 단삼에서는 Salvianolic acid 로 확인됨.

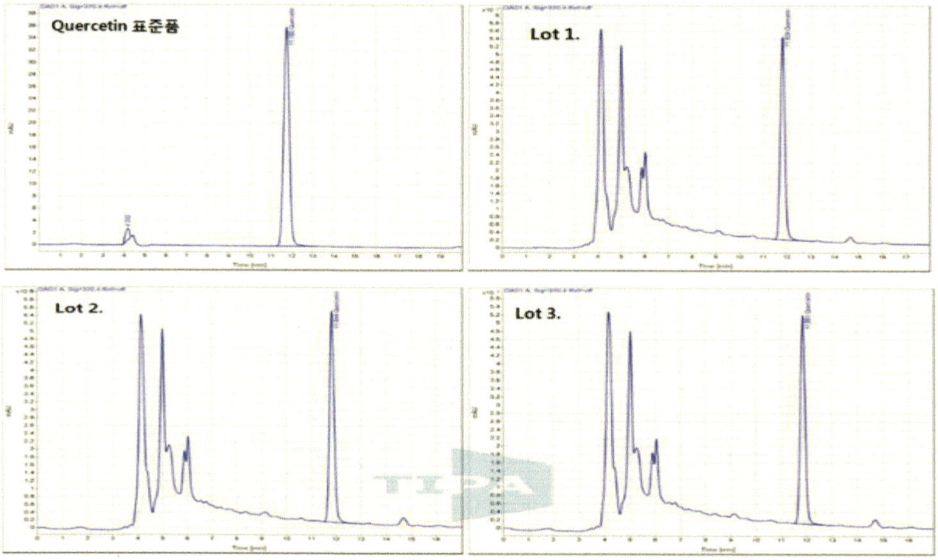

그림 2-76 지표물질의 chromatogram

4) 제품 제조공정

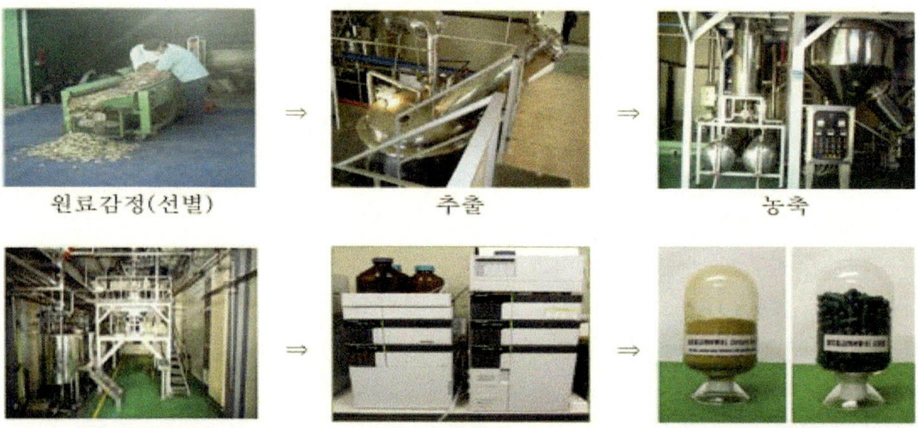

○ 제조공정

비파엽/단삼 채취 ⇒ 시료감정 ⇒ 정선 ⇒ 추출 ⇒ 저장 ⇒ 농축 ⇒ 건조 ⇒ 비파엽추출물+단삼추출물 혼합 ⇒ 소재화

○ 최종제품의 기준규격

성상, 건조감량, 지표성분함량, 중금속, 대장균군

그림 2-77 최종제품 생산 관련 사진

5) 동물실험 결과

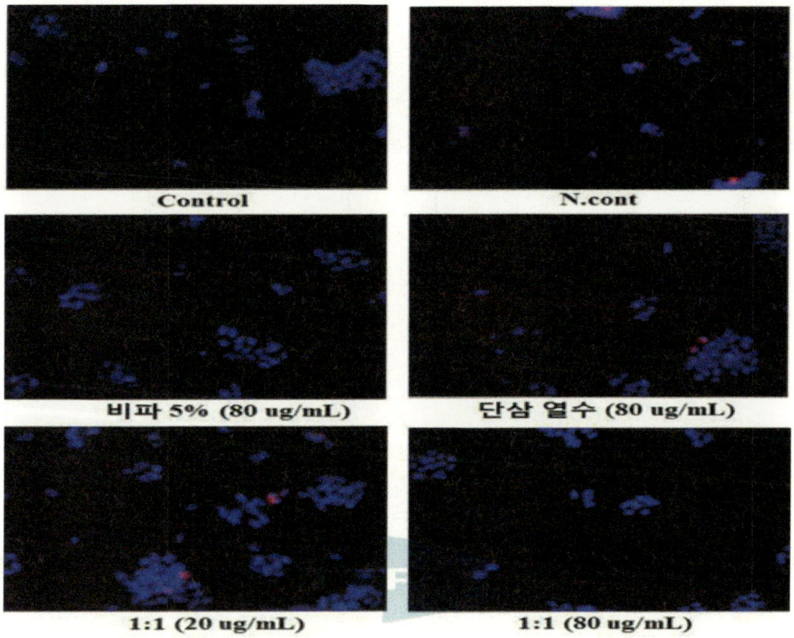

그림 2-78 고속생리활성탐색기술(HTS)을 통한 caspase-3 활성 억제 효과 확인

10. 피로 개선

대인 생활은 그 자체가 피로다. 피로를 풀기 위해 집에 누워만 있어도 소음, 무료함으로 인한 정신적 스트레스가 피로를 가중시킨다. 일상적 피로는 신체적 질환은 없지만 움직임(운동), 스트레스, 환경적 요인에 따라 자연스레 몸이 피로를 느끼는 현상이다.

과로와 과다한 스트레스 등에 의해 대부분의 현대인들은 쉬어도 피로가 풀리지 않는다는 만성 피로감을 갖고 있다. 만성 피로에 시달리는 현대인은 아침에 일어나기가 힘들고, 신경을 조금만 써도 머리가 아프고, 오후가 되면 피로 때문에 업무집중이 안되고, 눈이 침침하거나 통증, 충혈이 되고 뒷목이 뻣뻣하고 감기에 자주 걸리고 늘 정신이 맑지 않고 지끈거리며 자도 개운치 않고 선잠을 잔 것 같은 증상 등을 호소하고 있다.

넓은 의미의 '피로'는 fatigue와 stress를 모두 포함하는 개념으로 육체적 또는 정신적 활동을 하기 위한 능력의 감소로 요약 가능하나, fatigue는 주로 육체적 피로로 작업능률이 저하되는 상태, 그리고 stress는 정신적 피로로 항상성의 혼란이 일어나는 상태로 정의할 수 있다.

인체의 해독을 담당하는 간에 무리가 가면 해독기능이 원활하지 못해 피로가 누적된다. 특히 간염을 앓고 있거나 간 기능에 문제가 있는 경우는 항상 피로함을 느끼고 있으며, 그리고 피로가 심하게 누적이 되어도 간 기능에 문제가 생길 수 있으므로 피로와 간은 상호가 아주 밀접하게 관련이 되어 있다. 피로 회복 건강기능식품의 개발은 복잡한 지적작업으로 만성피로나정신적스트레스를 받기 쉬운 정신노동자나 수험생은 물론, 과도한 육체적인 노동을 필요로 하거나 장시간 극한상황에서 견뎌야 하는 육체노동자, 체육선수, 군인 등에게 매우 필요한 건강기능식품이 될 수 있으며,만성피로로 인한 사회적 비용을 줄 일 수 있는 대안으로 절실히 필요하다. 2025년 현재 피로개선과 관련하여서는 "헛개나무과병추출분말, 발효생성아미노산 복합물, 돈태반발효추출물, 참당귀·녹용·황기 복합추출물"를 포함하는 4개의 개별 인정형 원료가 등록되어 있다.

(1) 개요

1) 피로의 정의

육체적, 정신적 능력이 감소되는 현상으로, 병리적 피로, 생리적인 피로, 심리적 피로로 분류할 수 있다. 병리적 피로란 피로 감각이 생겨 간 기능 저하, 당뇨병, 위장병 등 질병까지 발생하는 것을 이르며, 혈액 속에 피로 물질이 축적되어 피로감을 느끼는 것을 말한다. 심리적 피로는 감정적인 갈등, 불안 또는 권태감에서 생기는 피로를 말하며 지속적인 활동이나 자극 후 세포, 근육, 기관의 힘이나 민감도가 일시적으로 감퇴된 상태를 말한다.

대부분 충분한 휴식을 취하면 피곤함이 덜어지는데 휴식을 취해도 1개월 이상 피로가 지속된다면 지속성 피로, 6개월 이상 지속될 시 만성피로라 불린다.

2) 피로의 발생원인 및 신체적 변화

① 피로

근육 내 포스포크레아티닌 부족, 근육 내 프로톤 축적(산성혈증), 근육내 글루카곤 부족, 혈액 내 글루코스 농도 감소, 혈장 내 특정 아미노산의 증가 등으로 인하여 피로가 피로가 발생되어, 말초, 중추 피로에 영향을 주게 된다. 중추신경 피로의 경우 골격근의 활동이 줄어드는 것을 의미하며, 말초피로는 신경근 접합부를 변화시킨다.

② 만성피로증후군

만성피로증후군(Chronic fatigue syndrome, CFS)은 특별한 원인 질환 없이 임상적으로 6개월 이상 지속적 또는 반복적으로 나타나 일상생활에 심각한 영향을 미치는 상태를 의미한다. 피로는 사람들에게 가장 흔한 증상이지만, 만성피로증후군은 단순한 만성피로와는 구별되는 병태를 보인다. 주 증상으로 인지능력감소, 수면장애, 통증, 집중력 저하 등이 나타나며, 이와 관련된 문제로 근막통증증후군과 근육의 특정 부위 압통이 있다.

③ 피로 관련 대사조절

A. 젖산회로(혐기성)

해당과정에서 산소가 충분하지 않을 경우 젖산탈수소효소에 의해 NADH의 2개 수소원자를 피루브산에 전이시켜 젖산으로 환원시킨다. 포도당이 젖산으로 전환되는 대사를 혐기성 호흡이라 하며, 골격근의 과격한 운동 시 과량의 젖산이 생성되고 근육의 피로가 생겨 결과적으로 근육이 손상된다.

B. 해당작용과 시트르산 회로(호기성)

a. 해당작용

총 10 단계 반응으로 이루어 졌으며, ATP 투자 단계와 ATP 수확 단계 의 두 단계로 나뉠 수 있다. 투자 단계에서 ATP 두 분자를 사용하고, 수확 단계에서 4ATP가 생성되어 결과적으로 2분자의 ATP가 생성된다.

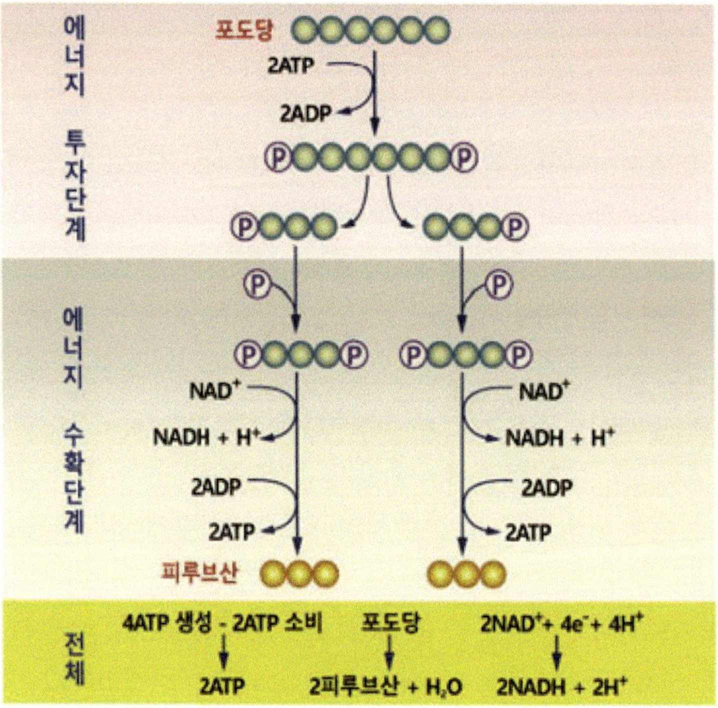

그림 2-79 해당작용

[출처: Dennistion, Topping, Caret. 생화학, 녹문당, 2008]

b. 시트르산 회로

탄수화물, 지방, 그리고 단백질에서 방출된 아미노산의 최종 분해 단계이며, 만약 TCA회로가 원활하게 돌아가지 않는다면 혈중 젖산이 축적되어 피로 유발의 원인이 될 수 있다.

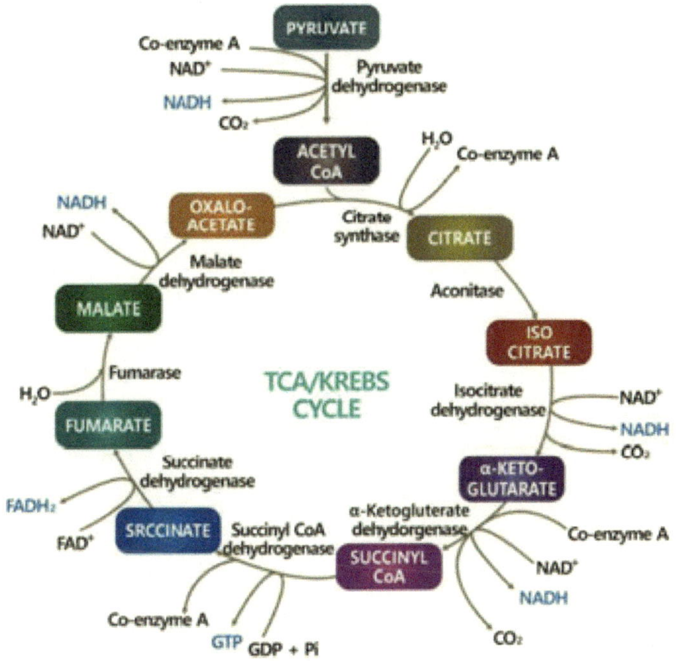

그림 2-80 시트르산 회로
[출처: Dennistion, Topping, Caret. 생화학, 녹문당, 2008]

C. 호르몬(코르티코스테론, Corticosterone, CORT)

부신은 양측 신장의 위를 덮고 있는 한 쌍의 기관으로 피질과 수질로 구성되어 있다. 부신 수질은 신경절전교감 신경섬유에 의한 자극에 반응하여 카테콜아민 호르몬을 혈액으로 분비한다. 그러나 부신피질은 신경성 자극을 받지 않고 호르몬의 자극을 받으며, 스테로이드 호르몬을 분비한다. 그 종류는 염류코르티코이드, 당류코르티코이드, 성스테로이드가 있다. 그 중 당류코르티코이드는 코르티솔(Cortisol)로 분비되며 이는 뇌하수체 전엽의 adrenocorticotropic hormone(ACTH)에 의해 촉진된다. 당류코르티코이드의 증가는 스트레스와 연관성이 있다. 장기간 운동 시 스트레스로 인하여 뇌하수체 전엽에서 ACTH 분비를 증가시킴으로서 부신 피질의 당류코르티코이드 분비가 증가하여 피로가 발생한다.

④ 피로개선 관련 인자

A. 혈중 대사물질 및 효소 농도

a. 혈당(Blood glucose) 농도

혈중 글루코스 농도가 감소하면 피로감을 느끼게 되고, 지구력 운동 수행 능력을 저해하는 결과를 초래한다. 즉 운동 후반부에 근육의 글리코겐 함량이 감소하면 혈중 글루코스가 근육으로 유입되는 양이 증가하는데, 이로 인해 혈중 글루코스가 고갈되는 현상이 생긴다.

b. 혈중 젖산(Lactate) 농도

세포에 산소가 충분히 공급되는 상황에서는 TCA 회로가 원활히 진행되므로 혈중 젖산 농도가 0.56~2.00 mmol/L의 범위로 유지되고, 그 이상으로 축적되지 않는다. 그러나 해당작용과 TCA 회로의 대사적 연계가 당량비로 진행되지 못 하고 해당 작용이 상대적으로 활발한 상황, 또는 세포에서 요구되는 산소량보다 근육의 산소 소모량에 미치지 못하는 경우 근육내에 젖산이 생성된다. 또한, 고강도 운동시 산소 공급량이 근육의 산소 소모량에 미치지 못하는 경우 근육 조직의 젖산농도가 증가하게 되고, 이때 생성된 젖산은 혈액으로 확산되어 심장 및 간에서 처리되는데, 운동으로 인해 젖산이 축적되면 체내 산성화가 초래되어 운동 중 글리 코겐을 활성화 된 포도당으로 전환시키는 효소인 포스포릴라아제(Phosphorylase) 활성이 저해되고, 결과적으로 무산소 상태에서 운동에너지의 급원이 되는 포도당 신생이 억제된다. 따라서 혈중 젖산의 감소는 근육 내 피로도를 경감시키는 주요 바이오마커로 인지되고 있다.

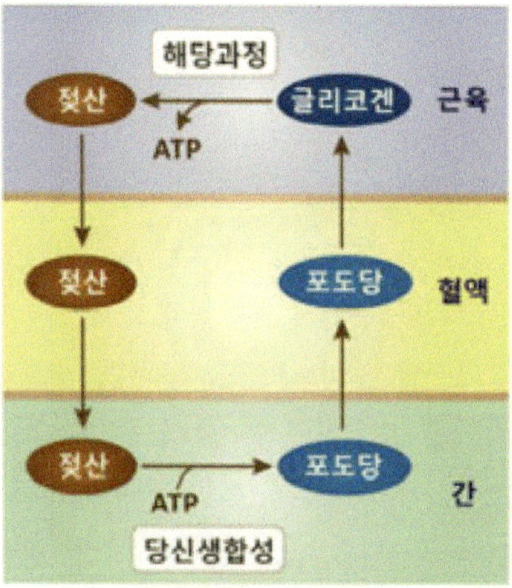

그림 2-81 코리 회로
[출처: Compend Contin Educ Vet 29(6):360-2, 2007]

c. 혈중 암모니아 농도

아스파르트산은 근육내에서 purine nucleotide 회로의 주요 구성분으로서 극심한 고강도 운동 중에 ATP 풀을 재생시켜 근육에 에너지를 제공하고, 이 과정에서 유리 암모니아를 형성한다. 운동의 강도 또는 시간에 따라 아미노산의 분해 결과 생성된 암모니아는 근육으로부터 혈액으로 방출되고, 혈중 암모니아는 뇌에 전달되어 중추 피로를 증가시킨다. 한편 근육세포 내에 축적된 암모니아는 근육의 통증 감지와 관련이 있는 구심성 신경을 자극하고, TCA cycle 및 당신생 작용을 저해하며, 젖산 생성을 초래함으로써 근육의 피로를 유발시킨다.

d. 혈중 말론디알데하이드(MDA) 농도

조직 손상의 지표로 사용되는 산화물로서, 다중불포화지방산이 과산화되면서 계속적인 분열과 재배열 과정을 거쳐 상대적으로 더 안정한 carbonyl 형태의 생성물로 가게 되는 과정에서 생기는 aldehyde products 중의 하나이다. 생성된 지질과 산화물은 세포막 손상·파괴를 하며, 혈소판 응집, 혈관 수축을 초래한다. 또한 과산화지질혈전이 말초의 여러 조직에 장애를 유발하여 세포를 노화시키는 것으로 알려져 있다. 운동 시 운동에 따른 스트레스로 인하여 말론디엘데하이드가 증가하여 근 조직에 손상을 준다.

e. 혈중 과산화물제거효소(Superoxide dismutase, SOD) 농도

Superoxide를 산소와 과산화수소로 전환시키는 반응을 촉매하는 항산화효소로서 혈중에서 자유라디칼을 제거시키는 역할을 한다. 혈중 과산화물제거효소(SOD)의 증가는 근육 내 피로감을 감소시킨다.

f. 혈중 글루타티온 과산산화효소(Glutathione peroxidase, GPx) 농도

격심한 운동시 산소 소비량이 증가되면서 유리기 생성이 증가되고 생성된 과잉의 유리기와 지질과산화물은 단백질의 산화, DNA 손상을 일으킨다. 이때 셀레노엔자임으로 구성된 항산화 바이오마커인 글루타티온 과산화효소(GPx)가 인체의 산화적 손상으로부터 보호하는 역할을 한다.

g. 혈중 유리지방산 농도

운동 시 지방세포로부터 혈중으로 방출되어 순환하는 유리지방산이 가장 중요한 에너지원으로 알려져 있다. 따라서 유리 지방산은 당 생산과정을 거쳐 에너지원으로 이용되고 이는 피로도를 감소시킨다.

h. 혈중 무기인산 농도

운동 중인 근육이 반복되는 근육 수축에 의해 myosin과 actin의 친화력을 높이는 단계에서 ATP가 가수분해되고, 이로 인해 혈중 무기인산 농도가 급격히 증가하게 된

다. 일반적으로 운동 중에 혈정 무기인산 농도가 급격히 증가하면 근섬유의 cross-bridge가 약화되면서 힘 생성이 저하된다.

i. 사이토카인(IL-6,IL-10, TNF-α)

사이토카인은 표적세포의 세포막에 존재하는 특이적인 수용체에 결합하고 신호전달 경로를 활성화하여 궁극적으로 효소활성이나 유전자의 발현을 변화시킨다. 운동으로 인하여 증가된 사이토카인은 근조직의 염증 반응을 일으킬 수 있다.

B. 근육 중 대사물질 및 효소 농도

a. 근육 글리코겐 함량

근육에 저장된 글리코겐은 고강도의 지구력 운동 시 가장 중요한 에너지원으로, 운동 중 혈중 포도당 농도가 감소되고, 감소된 양을 근 글리코겐 량으로 보충할수 없다면 피로가 유발된다. 따라서 운동 후 회복기간 동안 근육내에 글리코겐을 효율적으로 재충전시키는 것은 다음 운동수행의 향상을 위한 중요 요인이다.

b. 근육 크레아틴인산효소(Creatine kinase, CK) 활성

근육에 많이 존재하는 효소로서, 근육세포들이 손상될 때 혈액으로 방출되어 에너지원을 생성한다. 크레아틴인산효소는 운동 중인 근육 세포에서 무산소시 ATP 재합성에 필요한 creatine phosphate를 합성하는 역할을 한다.

c. 미오글로빈 함량

산화적 인산화를 통한 ATP 공급은 충분한 산소의 공급을 위해 모세혈관의 발달과 미오글로빈의 높은 함량을 요구하게 된다. 미오글로빈은 산소를 근육 세포내의 에너지 생성 소기관인 미토콘드리아로 이동시켜 에너지원 생성에 이용 되도록 한다.

C, 뇌 조직 중 대사물질 효소농도

a. 세로토닌(Serotonin) 활성

5-히드록시트립타민(5-hydroxytryptanine, 5-HT)이라고 불리며, 뇌간의 정중선에 따라 위치 한 봉선 핵을 갖고 있는 뉴런에 의해 신경전달물질로서 사용된다. 장기간 운동으로 인하여 지방 분해가 활성화되어 혈중 유리 지방산의 농도가 증가하게 되고, 알부민과 트립토판의 결합률이 감소함에 따라 혈장 유리트립토판의 농도가 증가하게 된다. 이때 세로토닌의 전구물질인 트립토판의 뇌 유입이 증가되어 뇌에서 세로토닌이 증가하면, 중추신경계의 피로가 유발되어 운동 수행 능력을 감소시키는 중추적 피로 유발 요인이 될 수 있다.

b. 도파민(Dopamine) 활성

신경전달물질로 사용하는 뉴런을 도파민 작동성 뉴런이라고 하며, 도파민 작동성 뉴런의 세포체는 중뇌에 다량으로 존재한다. 이 뉴런의 축삭은 두 개의 시스템으로 나누어지는데, 운동 통제에 관여하는 흑질선조체 도파민 시스템과 정서적 보상에 관여하는 중대뇌변연계 도파민 시스템이다. 흑질선조체 도파민 시스템 세포체는 멜라닌 색소를 갖고 있기 때문에 흑질이라고 부르고 중뇌에 있다, 흑질은 운동에 주된 작용을 하는 기저핵의 일종으로 도파민을 생성하며 신경섬유를 선조체 보내어 선조체에서 도파민을 유리시킨다. 이 흑질-선조체 신경계는 정상 운동을 위해 매우 필요한 신경 조직이다. 도파민의 합성은 티로신의 활성에 의존하며 운동 시 도파민 신경전달의 감소는 피로를 유발시킨다.

(2) 피로개선의 의의

피로개선의 생물학적 의의는 인체가 에너지 불균형과 생리적 스트레스로부터 회복하며 항상성을 유지하는 데 핵심적인 과정이라는 점에 있다. 피로는 ATP 고갈, 미토콘드리아 기능 저하, 활성산소 증가, 염증 반응, 스트레스 호르몬 분비 등 다양한 생물학적 요인에 의해 발생한다. 피로개선은 이러한 기능적 저하를 정상 수준으로 되돌려 세포 단위에서부터 조직·기관 수준까지 전반적인 생리 기능을 회복하게 한다.

첫째, 에너지 대사를 회복한다. 미토콘드리아는 ATP 생성의 중심 기관으로, 피로개선은 미토콘드리아 효율 향상과 산화적 스트레스 감소를 통해 세포 에너지 공급을 안정화한다.

둘째, 신경내분비계의 균형을 복원한다. 만성 피로 상황에서는 코르티솔 불균형과 자율신경계 과활성화가 나타나는데, 피로가 개선되면 스트레스 반응이 정상화되고 집중력·인지 기능이 향상된다.

셋째, 면역 및 염증 조절에 기여한다. 지속적 피로는 저등급 염증을 유발하거나 악화시키는데, 피로개선은 사이토카인 균형을 회복하여 면역계 안정성을 높인다. 마지막으로, 회복된 피로 상태는 수면의 질 개선, 근육 회복 촉진, 대사·심혈관 건강 유지 등 장기적인 신체 기능 보호로 이어진다.

결국 피로개선은 단순한 '피곤함 해소'가 아니라 생체 항상성 확보, 신체 회복력 증진, 질병 위험 감소라는 중요한 생물학적 의미를 지닌다.

(3) 바이오마커 (표 2-25)

구분		바이오마커	측정 가능한 연구유형		
			In vitro	*In vivo*	Human
피로개선 기전	에너지 공급	Blood Glucose		○	○
		Free fatty acid		○	○
		Hexokinase(HK)	○	○	
		Citrate synthase (CS)	○	○	
		Succinate dehydrogenase (SDH)	○	○	
		Malate dehydrogenase(MDH)	○	○	
		Glycogen (글리코겐)		○	
	근육 손상 회복	Cell survival rate	○		
		Creatine kinase(CK)	○	○	○
		Lactate (젖산)		○	○
		Lactate dehydrogenase(LDH)	○	○	
		Ammonia		○	○
		Inorganic phosphorus		○	○
		Myoglobin		○	○
		표면근전도 검사			○
	항산화 개선 및 염증 억제	MDA, SOD 등 항산화 관련 지표		○	○
		Cytokine		○	○
피로개선 기전	호르몬 및 신경전달 물질 조절	Corticosterone(CORT)		○	○
		Serotonin		○	
		Dopamine		○	
		Monoamine oxidase		○	
		Growth hormone		○	○

임상적 개선	운동수행 능력	운동지속시간(Exercise duration)		○	○
		Peak torque/body wt			○
		Average power			○
	피로도 개선	운동 수행 후 통증			○
		피로도 설문			○
		수면의 질			○

(4) 제품 개발 사례

1) 제목: 헛개나무로부터 항피로 효과를 가지는 건강기능식품 개발(2012년)

2) 연구 내용 및 범위

① 헛개나무추출물에서 항피로 효과 활성분획 및 물질분리

- 각 시료별로 활성이 강한 용매분획물을 선정하여 단일물질 분리를 위한 함유물질의 화학적 특성 확인
- 활성실험을 위한 분획 및 분리 물질 제공함

② 항피로 효과 활성 물질 분리

- 활성물질 분리 정제, 유효활성성분의 단리
- 단일 활성 화합물질 분리 및 화학구조 결정(MS, UV, IR, NMR)

③ 헛개나무추출물의 항피로 활성 및 운동능력향상 실험

- In vivo에서 운동부하 및 스트레스에 의한 피로회복 실험 및 헛개나무추출물의 항피로 효과에 의한 운동능력향상 효과 관찰
- 인체적용실험을 통하여 헛개나무추출물의 지구성 운동능력향상 효과 관찰

④ 헛개나무의 간독성 보호작용 기전 연구

- 헛개나무 추출물이 in vitro에서 가장 효과적으로 간독성 보호하는 간독성물질을 이용하여 in vivo mouse 간독성 model을 구축하여 헛개나무의 간보호작용을 관찰
- 확인된 moouse 간독성 model을 이용하여 헛개나무의 간보호작용 실험을 한 후 혈액으로 간보호작용을 관찰하고 간을 얻어 DNA microarray 실험을 실시함

- DNA microarray 결과를 GenPlex program을 이용하여 분석하여 간독성물질에 의한 간독성유발 경로 및 헛개나무에 의한 간보호작용 경로를 추론함
- 가장 대표적인 경로를 선정하여 헛개나무에 의한 간보호 경로 확인 시험을 실시함

⑤ 헛개나무추출물을 이용한 피로회복 및 운동능력향상 건강기능식품 개발

- 건강기능식품 개발을 위하여 안정성 실험, 지표물질 확인, 제조 공정 개발, 제형개발- 4등 건강기능식품으로의 허가 신청

3) 연구 결과

① 헛개나무과병추출분말 중 Quercetin 시험법 검증

- 표준용액과 헛개나무추출물에서 동일한 시간대에 peak가 검출되고, peak 크로마토그램의 spectrum이 동일한 패턴의 스펙트럼을 나타냄을 확인할 수 있었음.
- 질량스펙트럼이 유사한 m/z ratio 값을 가지므로 헛개나무과병추출분말에 Quercetin이 함유되어 있음을 확인 할 수 있었음.
- 농도별로 직선성을 확인되었으며, R2는 0.9997~1.0000, 0.9989~1.0000로 나타남.
- 헛개나무추출물에서 Quercetin의 회수율은 95.26~106.64%, 표준편차(SD)는 3.02~6.43%, 상대표준편차(RSD)는 3.05~6.48%로 나타남.
- 실험실내 정밀성(Intermediate precision)은 표준편차(SD) 0.0427mg/g, 상대표준편차(RSD)는 0.56%, 반복 정밀성 (Repeatability, Intra-assay precision)표준편차(SD) 0.072~0.1049mg/g, 상대표준편차(RSD) 0.95~1.42%로 분석됨.

② 헛개나무추출물을 이용 in vivo시험을 통한 항피로 및 운동능력향상 활성 실험

- 사염화탄소에 의한 Wistar 랫드의 급성 간손상에 대하여 헛개나무추출물 분획에서 보호효과가 있는 것으로 사료됨.
- 피로회복 시험에서 시험물질인 헛개나무과병추출분말은 혈당을 감소시키고, 스트레스 호르몬의 분비를 감소시키며, 산화적 손상으로부터 조직을 보호하여 피로회복을 촉진시키는 효과가 있는 것으로 판단됨.
- 마우스에 대한 운동능력 향상 효능시험에서 대조군과 비교하여 최대수영시간이 약 3.7배 증가함. 헛개나무추출물에 의한 항산화 효소의 활성이 증가되어 운동 시 발생하는 산화적 조직손상을 억제시킴으로써 최대운동시간이 연장시키는 효과가 있는 것으로 판단됨.

③ 헛개나무과병추출분말의 운동능력향상 인체적용시험

- 임상시험 기간 중 시험 제품과의 인과관계와 상관없이 발현된 모든 이상반응(Adverse

Event, AE)은 1건도 발생하지 않았으며, 이상약물반응(Adverse Drug Reaction, ADR)도 1건도 발생하지 않았다. 또한 중대한 이상반응(Serious AE)과 중대한 이상약물반응(Serious ADR)도 1건도 발생하지 않았다.

- 활력 징후, 일반 혈액검사, 생화학적 검사, 뇨 검사 등에서도 소수의 비정상적인 반응은 있었지만 임상적으로 큰 의미는 없었다.
- 최대산소섭취량을 이용하여 평가한 지구성 운동능력은 대조군은 평균 9.82% 감소한 반면, 헛개나무 추출물을 복용한 군은 평균 6.26% 증가하여 통계적으로 유의한 효과가 있는 것으로 평가(p=0.002)되었다. 지구성 운동능력 평가 지수인 무산소성 역치- 5(20.30% 향상, p〈0.001), peak 도달시간(10.57% 향상, Mann-Whitney Test p=0.032), 운동지속시간(10.03% 향상, p=0.016) 모두 시험군이 대조군의 변화율 보다 통계적으로 유의한 개선 효과를 보여 주어 효능도가 높은 것으로 평가되었다.
- 임상실험실적 검사 생리학적 변인 중 Creatine kinase의 경우 헛개나무 추출물을 복용한 군(평균 116.38U/L 감소)에서는 통계적으로 유의하게 감소(p=0.005)하였다. Serotonin에서 헛개나무 추출물을 복용한 군은 10.44%가 증가되었으며, 대조군에서는 5.85%가 감소되어 개선 효과가 통계적으로 유의(p=0.046)하게 확인되었다.
- BMI를 25(kg/m^2) 미만, 25(kg/m^2) 이상 ~ 30(kg/m^2) 미만, 30(kg/m^2) 이상의 3그룹으로 나누어 평가한 결과에서 25(kg/m^2) 미만의 정상군에서는 최대산소섭취량, 무산소성 역치, peak 도달시간, 운동지속시간 모두 통계적으로 유의한 개선 효과를 보였으며, 25(kg/m^2) 이상의 비만인 군에서는 개선 효과를 나타내었으나 통계적인 유의성은 보이지 않았다.

④ 시료 추출과 분획물의 제조

- 헛개나무 열매 열수추출물을 80% 에탄올 수용액으로 100℃ water bath에서 3시간 추출하여 여과한 후 추출물을 회전식 감압농축기로 농축시키고 동결 건조하여 에탄올 추출물을 얻었으며, 용매분획하여 n-hexane soluble fraction 0.405g, $CHCl_3$ soluble fraction 0.835g, EtOAc soluble fraction 24.326g, n-BuOH fraction 32.347g, aqueous layer 42.087g의 분획물을 얻음.

⑤ 헛개나무 열수추출물의 가수분해

- 생명의 나무에서 제공받은 헛개나무 열매 열수추출물을 2N HCl 수용액으로 100℃에서 1시간동안 가수분해 추출하여 EtOAc soluble fraction 2.15g, n-BuOH fraction 4.27g의 분획물을 얻음.

⑥ 화학구조 규명

- 단일 화합물로 분리된 화합물을 1D-NMR, 2D-NMR 분석을 통해 화학구조를 규

명하여, 2-Hydroxymethyl-5-hydroxy-furane, 5-Hydroxymethyl-2-furaldehyde, 5-(2-Butanone)-3,4-dihydroxy-2-(2-propen-1-ol)-furan, 5-Butyl methyl ether-2-methyl acetate-2,5-dihydrofuran, 2-(3-Hydroxy-4-methoxyphenyl)ethyl-α-L-rhamnopyranoside 등 5종의 단일화합물 분리함.

⑦ 헛개 추출물 및 분획의 in vitro 간독성 보호 작용 관찰

- in vitro 간독성 시험에서 헛개나무추출물(HWE)이 간독성물질에 의한 tunicamycin으로 유도된 ER stress를 저해하여 간보호작용을 나타내는 것을 알 수 있었으며, 이는 현재까지 개발된 간독성물질과는 다른 새로운 기전을 나타낸 것임.

⑧ 헛개 추출물 in vivo 간독성 보호작용 관찰

- HWE와 TM 투여 후 얻은 혈액에서 간독성 지표인 AST, ALT에 대한 혈액생화학적 분석을 실시하였다(그림 25). AST와 ALT는 TM에 의하여 증가된 것을 HWE처리군에서 감소시켰으며 통계학적인 유의성은 AST에서만 나타났다($P < 0.05$).- 6

⑨ DNA microarray 실험

- HWE와 tunicamycin 동시 투여에 의하여 Tunicamycin 단독 투여와 비교하여 발현이 변화된 유의유전자들의 중요한 생물학적 경로는 Urea cycle and metabolism of amino groups, Tryptophan metabolism, PPAR signaling pathway 등 간 기능과 관련되거나 여러 생체내 대사관련 유전자들의 발현이 변화되었음

4) 근거 자료

① 헛개나무추출물에서 항피로 효과 활성 분획 및 물질분리

헛개나무과병을 90℃로 4시간 2회 추출하여 농축하고 분무 건조하였다. 열수추출물을 유기용매의 유전률에 의한 분획물을 제조하였다.

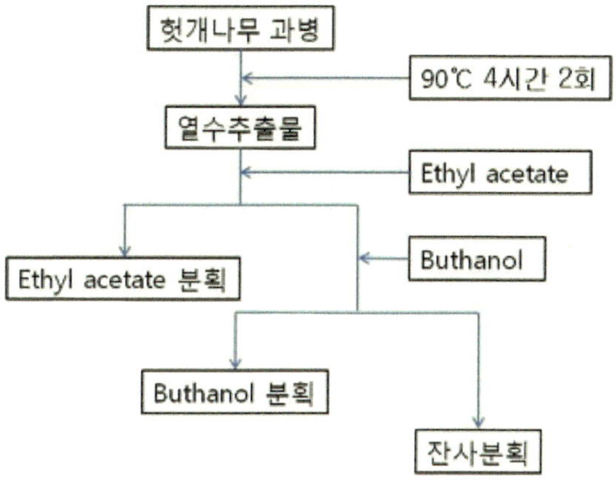

그림 2-82 헛개나무과병추출물 용매분획도

② 간 보호 효능 측정

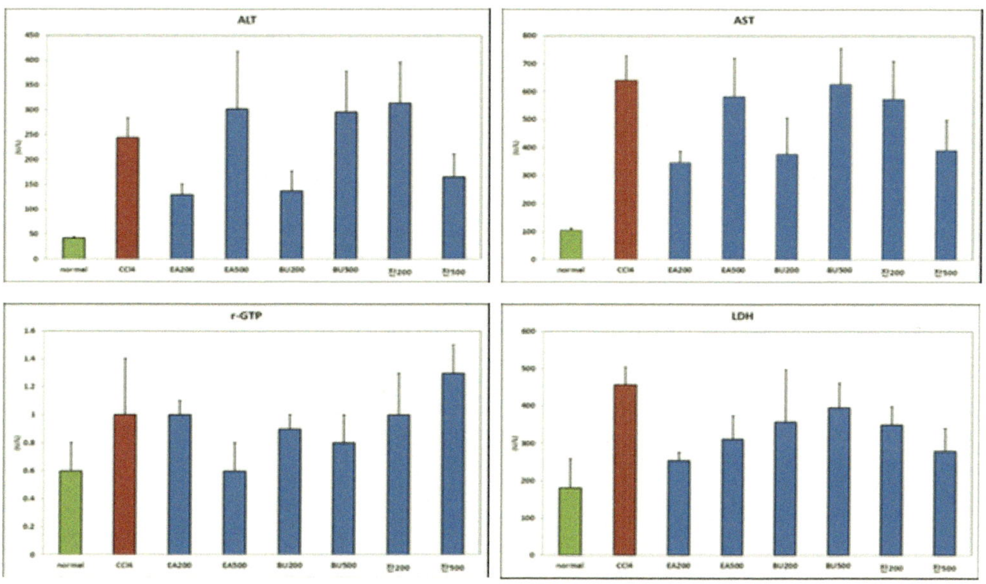

그림 2-83 헛개나무 분획별 간보호 효과

(1)최대 수영시간 측정

투여 후 1, 2 및 4 주째의 음성대조군의 최대수영시간은 각각 3948.1sec, 1712.5sec 및 2706.8sec로 반복적인 수영운동을 수행함에 따라 오히려 최대수영시간이 단축되는 결과를 나타냈다. 100mg/kg 용량의 시험물질투여군에서 투여 후 1, 2 및 4주째의 최대수영시간은 각각 4036.5sec, 6202.2sec 및 5095.3sec 로 나타났으며, 투여 후 2주 및 4주째에 음성대조군과 비교하여 유의(투여 후 2주째: $p<0.05$, 투여 후 4주째: $p<0.01$)하게 증가하였다. 200mg/kg 용량의 시험물질투여군에서 투여 후 1, 2 및 4주째의 최대수영시간은 각각 4682.6sec, 6278.0sec 및 7502.1sec로 나타났으며, 투여 후 2주 및 4주째에 음성대조군과 비교하여 유의($p<0.01$)하게 증가하였다.

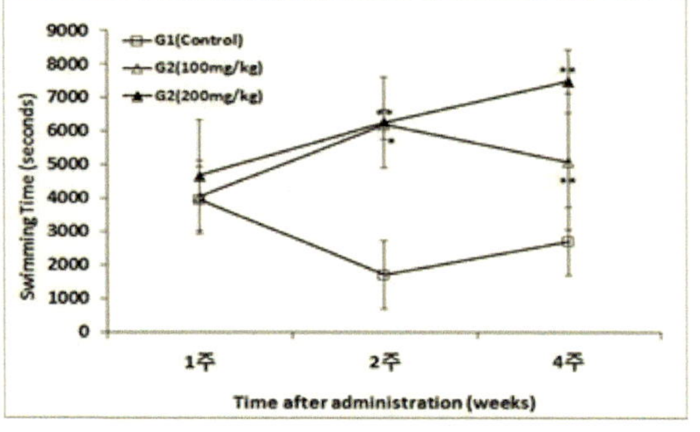

그림 2-84 운동 능력 향상 효과 관련 자료

③ 생리적 변화 측정

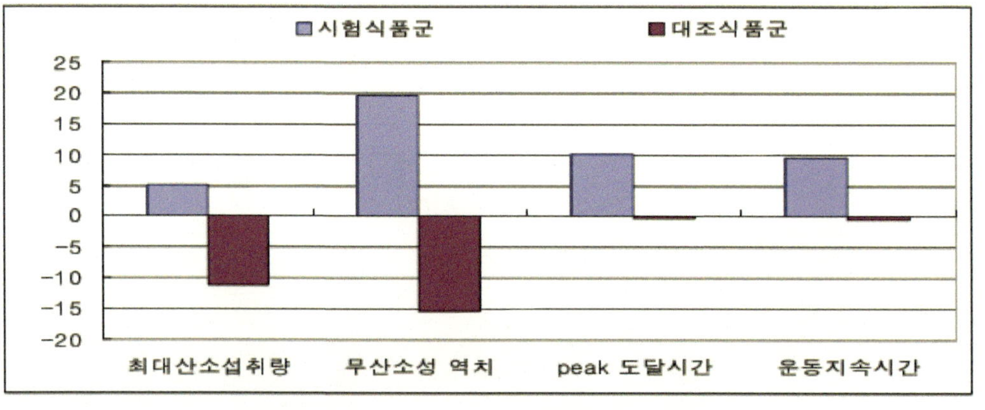

그림 2-85 운동부하 검사 생리학적 변인의 변화율-1

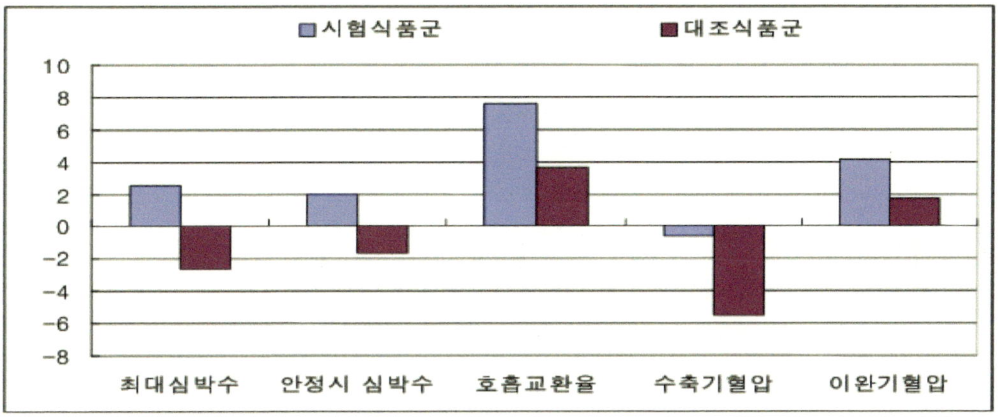

그림 2-86 운동부하 검사 생리학적 변인의 변화율-2

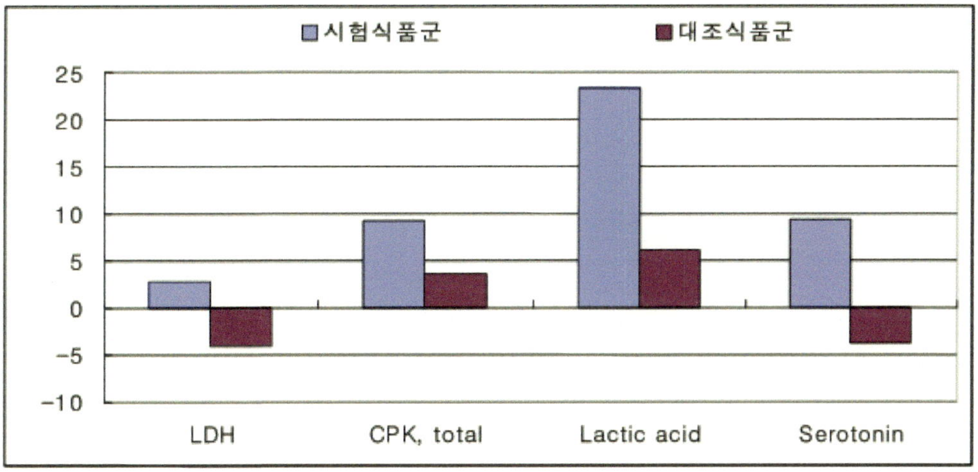

그림 2-87 운동부하 검사 생리학적 변인의 변화율-1

④ 신규 물질 구조 분석

단일 화합물로 분리된 화합물을 1D-NMR, 2D-NMR 분석을 통해 화학구조를 규명하였다. 이 때 사용된 기기는 Varian UI500 FT-NMR Spectrometer이다.

1) 화합물 1

기기분석을 통해 화합물 1의 화학구조를 2-Hydroxymethyl-5-hydroxy-furane으로 규명하였으며, 이 화합물은 헛개나무에서는 처음으로 분리된 화합물이다.

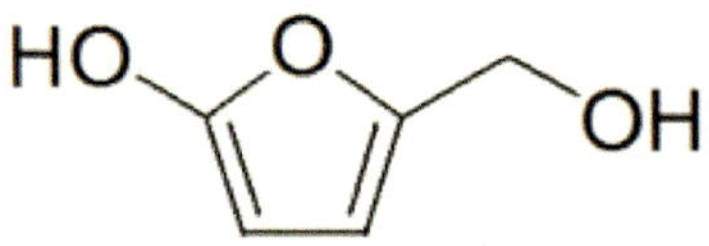

2-Hydroxymethyl-5-hydroxy-furane

그림 2-88 화학구조식

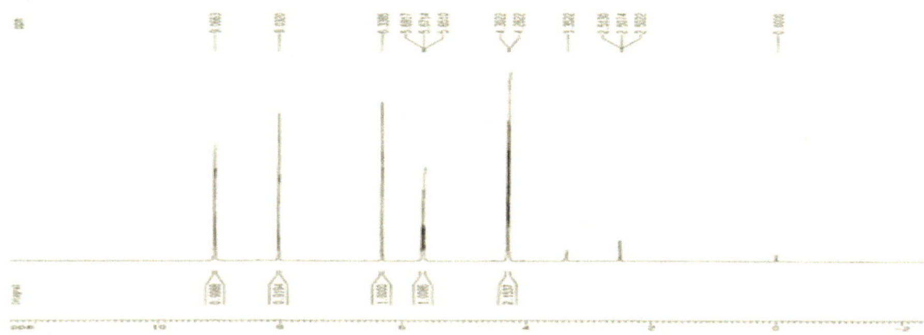

그림 65. ^{1}H-NMR spectrum of Compound 1(500 MHz, DMSO-d_6)

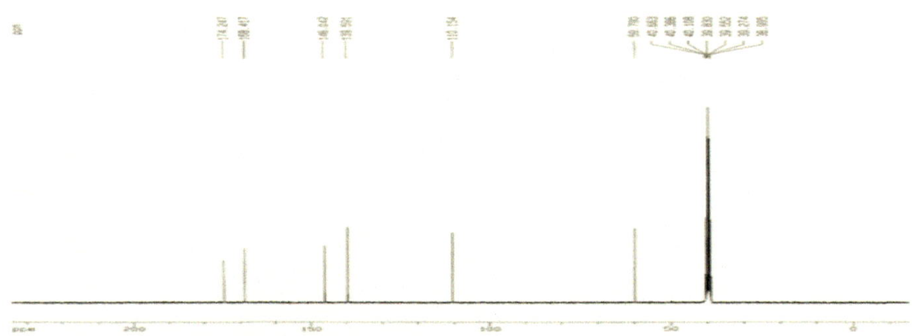

그림 66. ^{13}C-NMR spectrum of Compound 1(125 MHz, DMSO-d_6)

그림 2-89 구조 분석을 위한 NMR data

⑤ 간 조직 사진

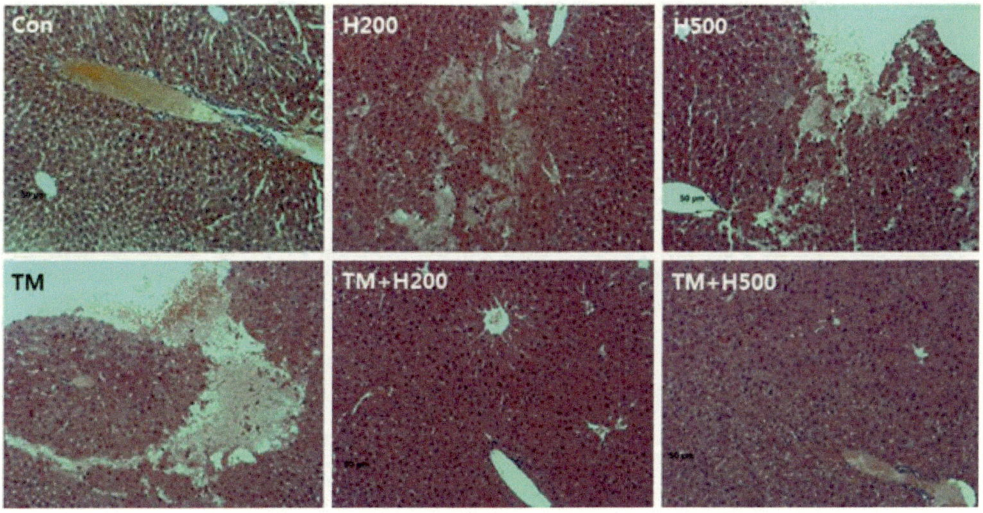

그림 2-90 헛개나무추출물 투여 후 간조직 병변 사진

참고문헌

- 건강기능식품의 기준 및 규격 (식품의약품안전처 고시, 제2025-11호 (2025.3.5., 개정))
- 건강기능식품 기능성 원료 및 기준·규격 인정에 관한 규정 (식품의약품안전처 고시, 제2024-79호(2024.12.9., 개정))
- 식품의약품안전처 발간 건강기능식품 기능성 평가 가이드
  "항산화에 도움" 편 등
- 국가연구개발보고서
  : 기능성 소재: 콩 발아배아 추출물을 포함하는 갱년기 개선 건강기능식품개발(2018년)
  : 고령자의 근감소증 예방을 위한 천연물 이용 기능성 소재 개발 및 적용 제품(2022년)
  : 난대성 지역 특화작물을 이용한 기억력개선 건강기능식품 소재 개발(2013년)
  : 수면유도 개별인정형 건강기능식품 인정을 위한 해양자원 개발(2014년)
  : 산림자원을 활용한 기능성 식품 산업화 연구(2014년)
  : 쇠비름주정추출분말을 이용한 신규 장관면역 개별인정원료 개발(2024년)
  : 자몽발효추출물을 이용한 체지방 감소 기능성 식품 소재개발 및 응용 제품(2021년)
  : 헛개나무로부터 항피로 효과를 가지는 건강기능식품 개발(2012년)
  : 장미꽃잎추출물을 활용한 이너뷰티 건강기능식품 연구 및 제품개발(2024년)
  : 포도함유 항산화성분의 생리활성 구명과 기능성 가공식품 개발(2004년)
  : 천연물을 이용한 혈당조절 건강기능성 식품의 개발(2007년)
- 기능성 식품학(개정판), 이형주 외, 수학사, 2019년
- 기능성 식품학, 김대근 외, 신일서적(주), 2017년
- 2판 기능성 식품학, 윤 선 외, ㈜라이프사이언스, 2014년

노재필

- 서울대학교 식품공학과 및 동대학원 졸업
- 세종대학교 식품공학과 박사(공학박사)
- 현 신구대학교 식품영양학과 교수

정민재

- 성신여자대학교 식품영양학과 졸업
- 연세대학교 식품영양학과 석사 및 박사
- 현 신구대학교 식품영양학과 교수

건강기능식품학

초판 인쇄 | 2025년 12월 16일
초판 발행 | 2025년 12월 30일

저 자 | 노재필 · 정민재
발 행 인 | 이성범
발 행 처 | 문운당
주 소 | 서울시 종로구 혜화로5길 16(명륜1가 45-3)
전 화 | (02)762-6010
팩 스 | 영업 (02)745-0265 / 편집 (02)762-8758
이 메 일 | 영업 munun2@daum.net
편집 munundang@naver.com
홈페이지 | http://munundang.co.kr

ISBN 979-11-5692-830-0 (93590)

정가 23,000원